OBSERVATIONS

SUR

L'HISTOIRE NATURELLE,

ET SUR

LA RICHESSE MINÉRALE

DE L'ESPAGNE.

PAR M. F. LE PLAY,

Ingénieur des Mines.

―――

A PARIS,

CHEZ CARILIAN-GŒURY, LIBRAIRE

DES CORPS ROYAUX DES PONTS ET CHAUSSÉES ET DES MINES,

QUAI DES AUGUSTINS, N°. 41.

1834.

PARIS. — IMPRIMERIE ET FONDERIE DE FAIN,
RUE RACINE, N° 4, PLACE DE L'ODÉON.

ITINÉRAIRE

D'un voyage en Espagne, précédé d'un aperçu sur l'état actuel et sur l'avenir de l'industrie minérale dans ce pays (1).

(20 avril. — 15 juillet 1833.)

Jusqu'à ces derniers temps l'Espagne est restée presque entièrement en dehors du cercle des observations qui ont déjà fait connaître avec précision la nature physique de la plus grande partie de l'Europe. Cependant les nombreuses chaînes de montagnes qui donnent à sa surface un caractère si prononcé, et qui produisent dans le climat de si singulières variations ; le souvenir des richesses minérales, extraites de son sol à diverses époques, et enfin les récits de tous les voyageurs qui ont visité la Péninsule, prouvent suffisamment que l'étude de ce pays doit présenter aux naturalistes un haut intérêt, et que le mineur, en particulier, peut y recueillir des faits utiles

Intérêt que présente un voyage en Espagne.

(1) Extrait d'un rapport adressé à M. le directeur général des ponts et chaussées et des mines.

PARIS. — IMPRIMERIE ET FONDERIE DE FAIN,
RUE RACINE, N°. 4, PLACE DE L'ODÉON.

ITINÉRAIRE

*D'un voyage en Espagne, précédé d'un aperçu
sur l'état actuel et sur l'avenir de l'industrie
minérale dans ce pays (1).*

(20 avril. — 15 juillet 1833.)

Jusqu'à ces derniers temps l'Espagne est restée
presque entièrement en dehors du cercle des
observations qui ont déjà fait connaître avec
précision la nature physique de la plus grande partie de l'Europe. Cependant les nombreuses chaînes
de montagnes qui donnent à sa surface un caractère si prononcé, et qui produisent dans le climat
de si singulières variations ; le souvenir des richesses minérales, extraites de son sol à diverses
époques, et enfin les récits de tous les voyageurs
qui ont visité la Péninsule, prouvent suffisamment que l'étude de ce pays doit présenter aux
naturalistes un haut intérêt, et que le mineur,
en particulier, peut y recueillir des faits utiles

Intérêt
que présente
un voyage
en Espagne.

_____

(1) Extrait d'un rapport adressé à M. le directeur général des ponts et chaussées et des mines.

pour les sciences qu'il cultive. Les causes de notre ignorance sur l'histoire naturelle de l'Espagne sont faciles à apprécier : les circonstances politiques ne lui ont pas permis de prendre part au mouvement qui a été imprimé aux sciences depuis la fin du siècle dernier dans les autres contrées de l'Europe : il est même vrai de dire que, dans la plus grande partie de cette période, les institutions propres à favoriser les sciences ont éprouvé une décadence graduelle contre laquelle n'a pu prévaloir le zèle de quelques hommes isolés. L'Espagne n'a donc pu jusqu'ici apporter son contingent dans la masse des observations qui doivent former la base d'une description complète du continent européen. Les savans étrangers eux-mêmes n'ont presque rien fait connaître sur la Péninsule; et tandis qu'un grand nombre de voyageurs allaient explorer les contrées les plus reculées et planter au loin de nombreux jalons pour une grande triangulation géologique de la surface du globe, tous paraissent avoir oublié qu'il existe en Europe une contrée qui n'est guères mieux connue, à quelques égards, que les parties les moins fréquentées de l'ancien et du nouveau continent.

Si les Pyrénées ont été jusqu'ici une barrière que les naturalistes n'ont franchie que bien rarement, il faut sans doute en trouver la cause dans les récits qui ont été faits si fréquemment de la difficulté des communications et des périls que doivent craindre les etrangers au milieu d'une civilisation encore imparfaite. Mais ces obstacles qui, le plus souvent, ont été considérablement exagérés, diminuent de jour en jour : dans la partie espagnole de la Péninsule, les points les plus importans par leur population, leur commerce et leur industrie, sont aujourd'hui réunis par de bonnes lignes de communication. Depuis plusieurs années Madrid est en correspondance régulière avec la plupart des capitales de provinces ; la route de Bayonne à Cadiz en particulier est aussi belle qu'aucune de celles du continent ; on pourrait la parcourir avec la même célérité que les routes les mieux servies de France, si d'anciennes habitudes et des craintes peu fondées ne s'opposaient encore aux voyages de nuit.

Dans un avenir très-prochain, sans aucun doute, l'Espagne deviendra une partie obligée de l'itinéraire d'un voyage sur le continent, et fera perdre à la Suisse et à l'Italie la suprématie dont elles jouissent depuis si long-temps. Par opposition à ce qui a lieu dans ces pays si souvent visités, toutes les classes d'observateurs trouveront aujourd'hui dans la Péninsule des faits entièrement nouveaux, des mœurs originales que l'appât du gain n'a point encore façonnées au gré des étrangers, et des émotions que l'esprit de spéculation n'a point toutes classées à l'avance dans un guide du voyageur.

Influence de l'industrie minérale sur les progrès récens.

Depuis plus de dix ans l'Espagne s'est enfin arrêtée dans la voie rétrograde qu'elle suit avec une rare persévérance depuis l'époque déjà éloignée de sa grande prospérité. Favorisée par des circonstances politiques dont je n'ai point ici à apprécier l'importance, l'industrie a encore été ici, comme dans beaucoup d'autres lieux, une cause puissante du progrès qui s'est manifesté tout à coup dans plusieurs branches de l'activité humaine. L'industrie minérale en particulier peut, à juste titre, revendiquer la plus grande part à cette révolution toute pacifique.

Mines sous les Romains.

L'Espagne était déjà célèbre dans l'antiquité par l'abondance des richesses minérales que produisait le sol. Pline qui, en exceptant l'Italie, regardait cette contrée comme la plus belle province de l'empire romain, rapporte en plusieurs points de son Histoire naturelle que, de son temps, on y exploitait un grand nombre de mines de plomb, d'étain, de fer, de cuivre, d'argent, d'or et de mercure. L'activité de cette industrie diminua pendant les troubles qui suivirent la chute de l'empire.

sous les Maures.

Les Maures, qui ne se sont jamais appliqués sérieusement à l'exploitation des mines et qui rarement même ont employé la pierre de taille pour la construction de leurs édifices, ne lui donnèrent pas une forte impulsion ; toutefois ils gardèrent en activité un assez grand nombre d'exploitations dans l'ouest de la Péninsule. Mais l'industrie minérale fut presque entièrement anéantie quand les Maures furent expulsés de cette partie de l'Europe. L'Espagne porte encore les fruits amers de l'énergie avec laquelle leurs vainqueurs détruisirent tout ce qui avait été créé par la civilisation de l'Orient; les souvenirs de cette terrible catastrophe sont encore vivans parmi le peuple, et lorsque le voyageur demande à quelle époque ont été élevés les monumens dont il rencontre fréquemment les ruines, et par quelles mains ont été creusés les souterrains dans lesquels s'exploitaient autrefois toutes sortes de métaux, la tradition lui répond toujours que ces choses se sont faites dans le temps des Maures; constamment elle rattache à la catastrophe la plus violente et la plus moderne les traces des révolutions qui, à diverses époques, ont désolé la Péninsule.

La découverte du nouveau monde, à la fin du XVᵉ. siècle, vint porter le dernier coup à l'art des mines en Espagne. Dans le but de favoriser en Amérique une industrie qui était pour eux la source de grands revenus, les rois d'Espagne interdirent, par des peines sévères, l'exploitation des mines de la Péninsule, se réservant, à cet égard, un privilége exclusif qu'ils concédèrent quelquefois à bail à des particuliers. Sous cette administration imparfaite, quelques mines, favorisées par des circonstances extraordinaires, donnèrent à leurs exploitans de grandes richesses; mais la prospérité de ces entreprises où les travaux étaient dirigés exclusivement dans l'intérêt du présent, ne fut jamais de longue durée. Les mines de mercure d'Almaden, dont les produits étaient absolument nécessaires aux exploitations de métaux précieux dans la Nouvelle-Espagne, restèrent presque seules en activité, et envoyaient chaque année à Mexico cinq à six mille quintaux de mercure. Vers le milieu du dernier siècle, l'exploitation de la mine de Huancavelica, dans le Pérou, qui fournissait précédemment le mercure nécessaire au traitement des minerais argentifères de ce pays, ayant été interrompue par suite d'un éboulement, le besoin de ce métal, se fit alors fortement sentir, et donna une nouvelle activité aux mines d'Almaden, dont la production annuelle fut portée à dix-huit mille quintaux. Toutefois divers accidens causés par les vices de l'exploitation, la guerre qui, au commencement de ce siècle, dévasta la Péninsule pendant cinq années, plus tard, enfin, la lutte d'où sortit l'indépendance des colonies américaines, et qui suspendit pendant plusieurs années l'exploitation des mines du Mexique et du Pérou, amenèrent diverses vicissitudes dans l'état de cette exploitation.

En 1820, à l'exception d'Almaden, des mines de fer de la Biscaye et de quelques autres localités des provinces libres, l'exploitation des métaux était dans une décadence complète. Dans le nord de l'Espagne, l'industrie particulière, presque exclusivement appliquée au travail du fer, était protégée contre les prétentions de la couronne par des priviléges particuliers; dans les autres provinces, un petit nombre de forges catalanes et de taillanderies, placées dans la dépendance de majorats et de communautés religieuses, fournissaient à l'agriculture et à de grossières industries les produits que l'Espagne ne tirait pas du commerce extérieur; quelques usines élevées par le gouvernement languissaient sur le sol le plus riche en métaux, malgré les avantages qu'assurait à leurs produits un monopole absolu.

C'est dans cet état de choses que survinrent les événemens politiques de 1820. Les règlemens qui entravaient d'une manière si fâcheuse, pour l'Espagne, l'essor de l'industrie en faveur des colonies américaines, qui d'ailleurs étaient déjà en révolte ouverte pour se soustraire au joug de la métropole, étaient devenus tout-à-fait intolérables

en 1820

Progrès depuis 1820.

dans certaines localités : ils tombèrent immédiatement en désuétude à l'avènement d'une administration nouvelle ayant pour mission de réformer les anciens abus, et un règlement provisoire transporta à cette époque, dans le domaine commun, le droit d'exploiter les richesses minérales. De nouveaux changemens politiques furent heureusement impuissans pour enlever à l'Espagne cette conquête de l'industrie, et une loi des mines rendue le 4 juillet 1825, sur le rapport de don Fausto de Elhuyar, assit l'industrie minérale de l'Espagne sur les principales bases adoptées dans la législation française.

Mines
de plomb
des Alpujarras.

Ces dispositions libérales ne tardèrent pas à porter leurs fruits; et dans le royaume de Grenade en particulier, les efforts de l'industrie privée produisirent dans le cours de trois années des résultats sans exemple. La population de la contrée montueuse des Alpujarras, qui depuis l'expulsion des Maures vivait dans une misère et une démoralisation profondes, sortit tout à coup de son apathie, en apprenant qu'un monopole odieux avait enfin cessé, et se porta avec ardeur vers l'exploitation des mines de plomb si abondantes dans le pays. Le succès dépassa les espérances les plus exagérées : un petit nombre de mois suffisait souvent pour créer des fortunes à de pauvres paysans que le hasard favorisait; les exploitans se multiplièrent à l'infini, et dès 1826 plus de 3.500 mines avaient été mises en exploitation dans les *Sierras* de Gador et de Lujar. Vers le milieu de l'année 1833, j'appris à Adra que plus de 4.000 puits avaient déjà été creusés dans la seule Sierra de Gador. Avant 1820, les usines royales, qui seules avaient le privilége de fondre les minerais qu'elles achetaient au prix que le gouvernement voulait bien fixer, ne produisaient annuellement que 30 à 40.000 quintaux de plomb (1.870.000 kilog.). En 1823, c'est-à-dire trois ans après les premières entreprises, la production s'élevait déjà à 500.000 quintaux (23.400.000 kilog.). En 1827, époque de la plus grande prospérité de la fabrique, la production de ce métal a été portée à la quantité énorme de 800.000 quintaux (37.400.000 kilog.). Depuis 1827, les exploitans n'ayant pu continuer à réduire leurs prix sans renoncer à tout bénéfice, la production s'est trouvée en équilibre avec la demande de métal, et est restée à peu près stationnaire.

Ce prodigieux développement de l'industrie, dans une si courte période, fit une grande sensation en Espagne, et il est difficile de se représenter l'ardeur avec laquelle toutes les classes de la société dirigèrent leurs spéculations vers l'exploitation des mines. Chacun se crut placé sur un sol qui ne demandait qu'à être entr'ouvert pour

Influence de la prospérité des Alpujarras sur le reste de l'Espagne.

livrer à d'heureux inventeurs d'inépuisables trésors, et je ferai connaître ailleurs les nombreuses tentatives que cette disposition des esprits a fait entreprendre, depuis plusieurs années, dans les provinces que j'ai visitées. Malheureusement le défaut d'une direction intelligente, plus encore que le manque de capitaux, vint s'opposer, dans la plupart des cas, au succès des entreprises; l'Espagne ne s'était pas abstenue impunément du mouvement qui, depuis trente ans, avait été imprimé aux sciences dans le reste de l'Europe, et dans une circonstance aussi importante l'industrie s'égara faute de conseils. Les anciens employés de l'administration des mines, dans les colonies américaines, avaient reflué en Europe après l'émancipation des nouvelles républiques, et avaient trouvé dans la métropole une compensation à leurs pertes : ils remplissaient alors les fonctions d'inspecteurs des mines dans les diverses provinces du royaume; mais à part un petit nombre d'hommes distingués formés aux écoles américaines et à celles d'Almaden, ces ingénieurs, élevés dans la pratique de quelque branche spéciale de l'art des mines, ne purent diriger l'élan industriel qui se manifestait de toutes parts.

D'un autre côté, le développement subit de l'industrie minérale dans le royaume de Grenade fut pour le gouvernement un haut enseignement;

il comprit que l'intérêt de l'état était de combattre une ignorance qui avait fait méconnaître pendant si long-temps une source aussi puissante de richesses. Toutes sortes d'encouragemens furent donnés à l'art des mines; deux écoles furent créées, l'une à Madrid, l'autre à Almaden : plusieurs élèves furent envoyés à l'école de Freyberg en Saxe, avec mission d'étudier l'état de l'art des mines dans cette partie de l'Allemagne : sans doute la nouvelle direction imprimée aujourd'hui à la politique de l'Espagne ne privera pas plus long-temps ses élèves mineurs des lumières qu'ils peuvent recueillir dans d'autres écoles non moins célèbres ni moins hospitalières.

Plusieurs hommes distingués, bannis à la suite des événemens politiques, avaient mis à profit leur séjour à l'étranger pour y étudier les sciences et les procédés de l'industrie; la plupart d'entr'eux furent rappelés, et vinrent prouver à leurs concitoyens qu'ils avaient su employer utilement pour leur pays les loisirs de l'exil. L'un d'eux, M. Vallejo, qui avait puisé dans les leçons des savans professeurs de Paris le goût des sciences minéralogiques, fut chargé de la description géologique de l'Espagne, et s'occupe aujourd'hui de remplir cette utile mission. M. de Erlorza, officier d'artillerie, après avoir étudié l'industrie du fer dans les usines de l'Angleterre, de la Belgique, du Hartz, du Piémont et de la France, fut chargé de naturaliser en Espagne les procédés suivis sur le reste du continent. Par ses soins, les riches minerais de fer des environs de Marbella et du Pedroso (Andalousie), sont aujourd'hui traités dans de belles usines, où cet habile ingénieur a introduit les procédés de fabrication les plus récens qu'il a su heureusement approprier aux circonstances locales. Des perfectionnemens se font en ce moment, par ses conseils, aux usines à fer de la Galice, et ceux-ci l'étendront sans doute, de proche en proche, dans les diverses localités du nord de l'Espagne.

Pendant la courte période que je viens de signaler, l'exploitation des autres substances minérales a également reçu une nouvelle impulsion : la production du mercure dans la contrée d'Almaden a encore augmenté ; l'exploitation des anciennes mines de cuivre de Rio-Tinto, négligée pendant que les cuivres de la côte occidentale de l'Amérique du sud arrivaient librement à Cadiz, a été poussée avec activité depuis la révolte des colonies. Les puissans dépôts de calamine d'Alcaraz, dans la partie orientale de la Manche, sont exploités aujourd'hui avec succès. Les mines de plomb de Linarès, dans le royaume de Jaen, et de Falsete en Catalogne, ont donné de notables produits, malgré la con-

à Marbella.
au Pedroso.
en Galice.
à Almaden.
à Rio-Tinto.
à Alcaraz.
à Linarès.

currence redoutable de la Sierra de Gador. On a commencé à tirer parti des minerais de cuivre qui se trouvent à Linarès, dans le voisinage de la Sierra de Gador et dans plusieurs autres localités. Aux environs d'Oviedo, dans les Asturies, de puissantes mines de houille, qui malheureusement ne sont encore liées avec la côte que par des communications très-difficiles, exportent, pour les établissemens métallurgiques de la côte de l'Andalousie, des produits qui, de jour en jour, deviennent plus abondans. Dans la même province, mais dans une situation plus favorable, près de la rivière d'Avilès, une compagnie commence aujourd'hui à exploiter les mêmes formations houillères. Ces mines, dont la galerie principale débouche sur le rivage de la mer, se disposent à exporter leur combustible : nul doute que celui-ci n'arrive bientôt dans les bassins de la Garonne, de la Charente et de la Loire, et que l'exploitation d'Avilès ne soit appelée à une haute prospérité. Dans une autre partie de l'Espagne, le petit bassin houiller de Villa-Nueva-del-Rio situé à huit lieues au-dessus de Séville, est exploité avec une activité croissante, et fournit un bon combustible aux bateaux à vapeur qui parcourent maintenant en douze heures le trajet de Séville à Cadiz.

Plusieurs substances minérales ne s'exploitent

dans
les Asturies.

à Villa-Nueva-
del-Rio.

qu'en un petit nombre de localités : bien différentes en cela des produits agricoles, qui la plupart se consomment sur les lieux de production, ces substances doivent aller chercher des marchés éloignés ; aussi la création de nouveaux centres de production, placés dans des circonstances naturelles très-favorables, a souvent une forte réaction sur l'industrie des autres contrées : c'est ce qui est arrivé depuis douze ans pour le commerce du plomb, et j'ai indiqué ailleurs (*Ann. des mines*, 3e. s., t. II, p. 517) l'influence des exploitations de la Sierra de Gador sur l'industrie de quelques parties de l'Europe. Par suite des tendances que j'ai signalées, nos voisins ne tarderont guères à tirer parti des richesses que renferme le sol de la Péninsule. Il importe donc au producteur français de prévoir les progrès que ceux-ci pourront faire dans l'exploitation des mines, et, sous ce point de vue, les résultats d'une mission, ayant pour objet d'étudier quelques-unes de ces questions, ne seront point sans intérêt pour les personnes qui dirigent en France leurs spéculations vers le même objet.

En attendant l'occasion de traiter avec détail plusieurs questions spéciales, je me propose de donner ici un court aperçu des localités que j'ai eu occasion de visiter dans un voyage de trois mois, et de présenter à ce propos un résumé des principaux résultats de mes observations (1).

Ne pouvant disposer que d'un temps très-limité pour visiter le sud de l'Espagne, j'ai dû nécessairement parcourir avec rapidité la route de Bayonne à Madrid, mais non sans regretter de ne pouvoir étudier avec détail plusieurs questions géologiques d'un haut intérêt. La route que l'on suit ordinairement passe par Irun, Tolosa, Bergara, Salinas, Vittoria, Miranda, Pancorbo, Briviesca, Burgos, Lerma, Aranda, traverse peu après cette ville la chaîne du Sommo-Sierra, et conduit à Madrid par Buitrago, la Venta de la Cabrera, et Alcovendas.

Les observations inédites de MM. Vallejo, Dufrénoy et Élie de Beaumont m'avaient fait connaître la nature géologique de la contrée que traverse cette route jusqu'aux défilés de Pancorbo. L'action puissante qui a donné aux Pyrénées leur relief actuel s'est fait sentir fortement jusqu'à Vittoria, et a reculé jusqu'au village d'Arganson, à 2 myriamètres de Vittoria, le rivage de la mer dans laquelle se sont disposés les terrains tertiaires. Ce rivage, ainsi que la limite des deux étages du

----

(1) On peut suivre aisément tous les détails géographiques de cet itinéraire, au moyen des deux cartes que M. Bory de Saint-Vincent a jointes à son excellent ouvrage sur la Géographie physique de la Péninsule.

2

terrain crétacé, est parallèle à la direction des deux rives principales des Pyrénées, dirigées approximativement de l'O. 18° N. à l'E. 18° S. Il résulte de cette disposition que la Biscaye, la Navarre et le nord de l'Arragon présentent une constitution géologique d'une grande simplicité, et que la route de Bayonne à Madrid, à peu près perpendiculaire à la direction de la chaîne, est la coupe la plus favorable pour l'étude des deux bandes du terrain crétacé au-dessous duquel apparaissent seulement çà et là quelques lambeaux de terrain jurassique.

Constitution géologique de la Vieille-Castille

Depuis les bords de l'Ebre à Miranda, jusqu'au pied du Sommo-Sierra, on traverse, sans sortir de la Vieille-Castille, une plaine immense dont aucune description ne pourrait faire concevoir la fatigante uniformité. Toutefois, bien qu'elle ne présente qu'un sol peu varié, j'ai lieu de penser que le géologue peut y observer une foule de faits propres à éclairer l'histoire des révolutions qui ont contribué successivement à façonner le sol de la Péninsule. Au milieu des conjectures qui m'ont été suggérées par un examen rapide, il m'a semblé que les plateaux de la Vieille et de la Nouvelle-Castille devaient leur élévation actuelle à une action très-récente, et postérieure au dépôt des terrains tertiaires plus modernes. J'ai cru reconnaître en effet que la surface du sol était formée presque exclusivement de masses tertiaires composées de marnes calcaires, de gypse et de calcaires très-compactes : au-dessus de ces roches stratifiées, j'ai observé, dans un grand nombre de points, des amas fort épais de sables et de galets très-arrondis.

Les couches tertiaires se présentent avec une épaisseur considérable dans les hautes collines qui avoisinent Briviesca (Vieille-Castille), et dans le plateau ondulé qui s'étend au sud de Madrid sur la route de l'Andalousie : on les observe très-bien à la Cuesta de la Reyna, sur les flancs de la vaste coupure qui existe dans ce plateau aux environs d'Aranjuez, et au fond de laquelle se réunissent les deux fleuves du Tage et du Jarama.

Le terrain de sables et de galets, qui, selon toute apparence, est contemporain du terrain de transport ancien disloqué par le redressement de la chaîne principale des Alpes, se montre çà et là sur le sol de la Vieille-Castille, et surtout sur le pied septentrional du Sommo-Sierra. Ce terrain de transport a une grande épaisseur dans les plaines que traverse la route de Madrid en Estramadure, entre le Tage et les cimes neigeuses qui séparent la Vieille de la Nouvelle-Castille.

La mer dans laquelle se déposaient ces terrains devait s'étendre dans la direction de Bayonne à Cadiz, depuis les environs d'Arganson dans la

Terrains tertiaires stratifiés.

Terrain de transport ancien.

Étendue des terrains tertiaires.

Biscaye, jusqu'aux terrains montueux qui annoncent l'approche des défilés de la Sierra-Morena au voyageur qui se rend de Madrid en Andalousie : cette mer s'étendait sur une grande partie de l'Arragon et communiquait sans doute avec la Méditerranée par une ouverture au travers de la contrée montueuse qui dessinait déjà les côtes de Valence et de la Catalogne. C'était là probablement l'ancien détroit de Gibraltar : car l'Espagne méridionale, unie encore à l'Afrique par des rapports si nombreux, ne paraît être séparée que depuis hier de la chaîne de l'Atlas. La continuité de cette petite Méditerranée n'était interrompue, dans la direction indiquée, que par le long promontoire du Sommo-Sierra et du Guadarrama, lequel se rattachait vers l'O.-S. aux contrées montueuses de l'Estramadure et de la province de Salamanque. Quelques îlots, qu'un examen attentif de la contrée pourrait seul faire connaître, s'élevaient çà et là au-dessus des eaux : telle est la petite chaîne de Pancorbo qui, suivant M. Elie de Beaumont, avait déjà pris une partie de son relief actuel avant le dépôt du second étage du terrain crétacé.

Pancorbo.

Le changement de cet état de choses me paraît devoir être rapporté à l'époque du soulèvement de la chaîne principale des Alpes ; il est sans doute en connexion intime avec une série de dis-

Époque du soulèvement de l'Espagne centrale

locations dont M. Dufrénoy a fait connaître l'existence dans le voisinage de la chaîne des Pyrénées et dont il a plus tard suivi les traces dans diverses parties de la Biscaye et de la Catalogne. La nature moderne du sol, la direction de plusieurs chaînes de montagnes; celle des cours d'eau qui prennent leur source dans l'Espagne centrale, et, enfin, dans plusieurs points, la stratification des roches sont, à mon avis, des traces suffisantes d'une révolution contemporaine de l'apparition des ophites.

Cette révolution n'a guères produit dans les Castilles de grandes lignes de fracture; elle paraît avoir élevé leurs plateaux d'un seul jet, en agissant à la fois sur une grande surface. Dans plusieurs localités, et notamment aux environs de Briviesca, les couches tertiaires n'ont qu'une faible inclinaison; cependant on reconnaît aisément que tout le centre de l'Espagne, et en particulier le plateau qui s'étend du Manzanarès au Jarama, présentent souvent des traces de dislocations locales : la colline de Vallecas, près de Madrid, en est un exemple remarquable. Je ne pense pas que les ophites se rencontrent fréquemment dans les Castilles; l'épanouissement à la surface de ces roches cristallines s'est sans doute opéré principalement dans les lignes de fracture qui bordaient les formations tertiaires : toutefois elles ont produit çà et là des rides qui ont amené à la surface les dépôts plus anciens, et qui plus souvent peut-être ont simplement modifié des rides déjà existantes.

Chaîne granitique du Sommo-Sierra.

La chaîne du Sommo-Sierra, dont quelques cimes élevées conservent de la neige pendant toute l'année, est presque entièrement composée de granite qui a brisé à une époque déjà fort ancienne une épaisse couche de gneiss et de micaschistes. L'œil du voyageur, fatigué de la monotonie de la longue plaine qu'il vient de traverser, se repose avec plaisir sur le sol hérissé de rochers qui s'étend en pente assez douce depuis Buitrago jusqu'à la Venta. Il observe avec intérêt les masses granitiques décomposées en partie par l'action des siècles ; cette décomposition a donné lieu à des fragmens énormes, isolés l'un de l'autre, et composant des collines entières où ils paraissent entassés par une force surnaturelle.

Aucune description ne peut donner une idée de l'aspect de désolation que la destruction totale des arbres imprime aux plateaux des Castilles et de la Manche. Il ne reste plus trace des forêts qui embellissaient autrefois ces contrées : rien d'ailleurs dans la plaine, qui s'étend du Sommo-Sierra à Madrid, ne peut faire soupçonner l'approche d'une capitale. Madrid, véritable oasis au milieu d'un désert, est situé sur le plateau, et sur le bord

Situation de Madrid.

de la dépression assez profonde dans laquelle coule le Manzanarès. Cette rivière, qui dès la fin d'avril n'est guères composée que de quelques filets d'eau qui baignent çà et là un fond sableux, est tout-à-fait extérieure à la ville. Une distance de deux à trois cents mètres sépare la porte de Tolède d'un pont très-somptueux, dont la solidité et les proportions gigantesques sont bien peu en harmonie avec la nature de l'obstacle qu'il avait à vaincre.

On ne doit pas s'attendre à rencontrer à Madrid ces institutions scientifiques et ces belles collections qui, dans les autres capitales de l'Europe, permettent au naturaliste de jeter un coup d'œil général sur les diverses provinces. J'y ai cependant visité avec intérêt un cabinet d'histoire naturelle où le règne minéral en particulier est représenté par des échantillons de la plus grande richesse empruntés au sol de la métropole et des colonies américaines ; malheureusement cette collection se trouve encore dans l'état où la science l'avait rangée sous le règne de Charles III. Dans ces dernières années le gouvernement a créé à Madrid une école des mines : plusieurs parties de cet établissement ont été montées avec une véritable somptuosité ; toutefois, la direction des mines n'a encore pu réaliser les espérances que l'on avait fondées sur cette école : il est difficile d'y

réunir des jeunes gens déjà versés dans la con-
naissance des sciences élémentaires; les élèves y
sont d'ailleurs privés des moyens d'instruction
les plus indispensables, et par exemple d'une bi-
bliothèque un peu étendue, de collections de minéraux et de machines; à cet égard, presque tout
reste encore à créer.

De Madrid en Estramadure. La grande route de Madrid en Estramadure traverse de vastes plaines qui s'élèvent en pente douce, des bords du Tage au pays montueux dominé par les cimes neigeuses du Guadarrama et des provinces d'Avila et de Salamanque. Le sol *Terrain de transport ancien.* est formé principalement d'argiles, de sables et de cailloux roulés : on reconnaît aisément dans plusieurs ravins profonds qui sillonnent le pays que cette formation a une épaisseur considérable. La plus grande partie de sa surface est inculte; mais l'abondante moisson de lavandes et de légumineuses de toutes sortes qui recouvrent naturellement ce sol fertile, prouve suffisamment que la culture en tirera un jour de grandes ressources. C'est *Talaveyra-de-la-Reyna.* surtout aux environs de Talaveyra-de-la-Reyna que la richesse du sol devient remarquable. La chaîne de montagnes que l'on aperçoit constamment à droite de la route, depuis Madrid jusqu'au pont d'Almaraz, envoie vers ce point un chaînon qui réduit la plaine à une très-petite largeur. La ville est située à une petite distance du Tage, au pied de ces collines : elle est entourée d'une très-belle culture : des piles d'aquéducs, qui s'élèvent çà et là au-dessus des bois d'oliviers, indiquent encore le soin avec lequel les Arabes et les Maures ont cultivé ce pays.

Au delà de Talaveyra, le terrain de transport ancien s'est encore déposé en petite quantité dans le golfe étroit compris entre les montagnes d'Avila et la Sierra de Guadalupe qui borde la rive gauche du Tage; mais à partir de Navalmoral petit bourg déjà situé sur le granite, on atteint les formations de roches anciennes qui composent la plus grande partie du sol de l'Estramadure, et dont les accidens variés donnent à cette belle province de l'Espagne un aspect si différent de celui des Castilles. Navalmoral.

C'est seulement à partir d'Almaraz qu'ont commencé les observations suivies qu'un séjour de deux mois environ m'a permis de faire dans la contrée comprise entre le Tage et le Guadalquivir. Libre enfin de remplacer par des études plus approfondies les observations linéaires de diligence, j'ai pu recueillir beaucoup de détails, sur la constitution géologique et sur l'industrie minérale de cette partie de l'Espagne. Je n'en donnerai ici qu'un résumé très-succinct, en essayant de présenter un aperçu de la physionomie générale de cette contrée. Almaraz.

Cette étendue considérable, qui comprend la majeure partie de l'Estramadure, l'extrémité occidentale de la Manche et les parties septentrionales des provinces de Cordoue et de Séville, n'a que très-peu participé, sous le rapport des améliorations matérielles, aux progrès qui ont été faits, ces dernières années, dans les autres provinces de la Péninsule : on en observe à peine quelques traces sur la lisière de la grande route de Badajoz, la seule qui, dans tout ce pays, soit desservie par une entreprise régulière de diligences. Le naturaliste, qui veut visiter avec fruit ces contrées, doit constamment avoir à sa disposition les moyens de se passer des ressources ordinaires de la civilisation. Bien que je n'aie vu que très-rarement se réaliser les sinistres prédictions dont les Espagnols sont si prodigues, il est certain toutefois que la loi, si puissante aujourd'hui dans l'Europe centrale, n'étend ici sur le voyageur qu'une protection bien insuffisante. La nécessité de trouver dans une petite caravane une défense contre le danger, n'est pas une des circonstances les moins piquantes d'un pareil voyage. Le fusil n'est guères moins nécessaire que le marteau au géologue qui veut interroger le sol avec sécurité dans une contrée où le moissonneur ne va jamais aux champs sans être armé comme pour le combat : dans ces longues excursions où l'on ne peut trouver un asile pour la nuit qu'au milieu de solitudes recouvertes de buissons de palmiers à toute tige, d'aloès-pitte, et de figuiers de Barbarie, on peut oublier aisément que ces mœurs singulières et cette nature africaine appartiennent encore à l'Europe.

La grande route de l'Estramadure traversait autrefois le Tage sur un pont qui a été ruiné en 1812 lors de la retraite des armées françaises : depuis ce temps il n'a pas été rétabli. Sur la rive gauche du Tage s'élève, avec une pente rapide, une haute chaîne de montagnes qui forme pour cette partie de l'Estramadure un rempart naturel : la route d'Almaraz à Trujillo la traverse dans un col fort élevé, nommé le Puerto de Miravete. De ce point culminant, où l'œil embrasse la vue la plus étendue, on descend jusqu'à la ville de Trujillo au travers d'une contrée montueuse, couverte de forêts d'yeuses et de buissons de genets et de cistes, dans laquelle le bourg de Jaraicejo a seul un peu d'importance. Trujillo, où naquit Pizarre, conquérant du Pérou, occupe une position pittoresque sur les flancs d'une colline granitique dont le sommet est dominé par un vieux château gothique. Cette ville est le centre d'un commerce de laines fort étendu; des étrangers, attirés par ce motif, y ont introduit des habitudes de civilisation.

Les granites de la Sierra de Guadalupe sont

séparés de ceux de Trujillo par une bande de terrains schisteux de transition : ceux-ci sont stratifiés régulièrement suivant une direction qui coïn-
cide exactement avec celle de la limite géogra-
phique de la Manche et de l'Estramadure, située
à 4 myriamètres environ à l'est de Trujillo. Cette
contrée montueuse, sillonnée de crêtes escarpées
qui sont le prolongement des montagnes du
Puerto de Miravete, est baignée par le Rio-Gar-
cias et le Rio-del-Monte. Elle ne contient qu'un
petit nombre de villages, et se termine, vers le
sud, un peu au delà de Logrosan : on peut
aisément constater dans cette excursion que les
montagnes de chaux phosphatée, qui ont été indiquées aux environs de ce dernier bourg, n'ont
aucune existence réelle. Les récits fabuleux qui
ont été faits de l'abondance de ce minéral dans
l'Estramadure ont uniquement pour base quelques petits filons de quartz et de chaux phosphatée compacte et testacée qui se rencontrent en plusieurs points de cette formation, notamment aux
portes de Logrosan, sur le chemin de Guadalupe.

En se dirigeant de Logrosan à Almaden dans
la direction du sud-est, on traverse d'abord une
longue plaine basse baignée par le Rio-Gargaliga :
ce ruisseau et ses nombreux affluens favorisent
la végétation de véritables forêts de cistes ladani-
fères qui s'élèvent au moins à une hauteur de six

mètres. Le sol est recouvert d'une formation de transport ancien principalement composée de galets roulés : elle se lie, en suivant le cours du ruisseau, aux formations modernes au milieu desquelles coule le Guadiana depuis la ville de la Serena jusqu'à son entrée dans le Portugal.

En suivant la direction indiquée vers le sud-est, on traverse le Guadiana à la hauteur des Casas de D. Pédro. En ce point le fleuve est encaissé dans un vaste plateau de transition ; celui-ci se rattache à un système tout différent de celui de Logrosan, et s'étend au loin sur la rive gauche du fleuve. Tout ce pays, qui nourrit de nombreux troupeaux de mérinos, ne présente guères de culture que sur le bord des ruisseaux où le laurier rose, si commun vers le sud, commence déjà à apparaître. Sur le bord du Guadiana sont situés les beaux villages de Talarrubias et de la Puebla-d'Alcocer, dans le voisinage desquels se trouvent de riches minerais de cuivre et de fer. Vers le sud-est, en se dirigeant vers la frontière de la Manche, par les bords du Guadamela, on ne rencontre qu'un petit nombre de villages assez pauvres : ce district n'est qu'un fertile désert où des colonies d'abeilles s'occupent seules à exploiter en faveur de l'homme les libéralités de la nature.

Le gros bourg d'Almaden, assis sur la crête des riches filons qui ont rendu cette contrée classique pour tous les mineurs, m'a rappelé les villes de Clausthall et de Zellerfeld, dans le Hartz, identifiées comme lui avec le gîte minéral qui leur a donné naissance. Almaden a encore avec le Hartz d'autres points de ressemblance; les mœurs allemandes y ont été introduites peu à peu à diverses époques; aussi après avoir erré pendant un mois au milieu d'une civilisation que je comprenais à peine, je me suis trouvé heureux de rencontrer sur les confins de la Manche, parmi les mineurs d'Almaden, les mêmes sentimens de fraternité qui avaient attaché de si agréables souvenirs au voyage que, trois ans auparavant, j'avais fait dans le nord de l'Allemagne.

Mines de mercure d'Almaden. Les mines d'Almaden, situées dans la province de la Manche, près de la frontière commune de l'Estramadure et du royaume de Cordoue, présentent un développement d'industrie aussi considérable que les mines les plus célèbres du Hartz, de la Saxe et de la Hongrie. Elles sont **exploitées depuis une haute antiquité.** exploitées depuis une haute antiquité, puisque, suivant Pline, les Grecs en tiraient déjà du vermillon 700 ans avant notre ère. On voit aussi, dans le même auteur, qu'elles ont été travaillées par les Romains, et que Rome en tirait annuellement 100.000 livres de cinabre.

Prospérité actuelle. J'ai trouvé l'exploitation dans la situation la plus florissante; la production annuelle est arrivée à un taux que ces mines n'avaient jamais atteint : depuis 1827 les ateliers d'exploitation sont aménagés de manière à fournir annuellement 22.000 quintaux (1.029.000 kilog.) de mercure. A l'époque de l'année où les travaux ont la plus grande activité, plus de 700 ouvriers, qui se succèdent en trois postes différens, sont employés aux divers travaux souterrains ; 200 hommes travaillent à la surface à l'extraction, au transport des minerais et à l'exploitation des matériaux de remblai. De nombreux muletiers sont constamment occupés à transporter le mercure à Séville et à rapporter en retour à la mine, du fer, du bois de charpente, de la poudre et des approvisionnemens de toute sorte. Les filons sont tellement puissans, que, malgré une exploitation active pendant un grand nombre de siècles, les travaux n'ont encore atteint qu'une profondeur de 300 varas (un peu moins de 300 mètres). Dans les tailles pratiquées aujourd'hui au fond du filon principal, la masse de minérai exploitable en entier et sans aucun mélange de parties stériles, a 12 à 15 mètres de puissance ; mais cette épaisseur est encore beaucoup plus considérable au point d'intersection des filons. Par suite de la direction rationnelle donnée aujourd'hui aux travaux, on extrait toute la masse du filon sans y laisser une parcelle de minerai : celui-ci est im-

Puissance
des filons.

médiatement traité aux fourneaux de distillation sans aucune espèce de préparation mécanique : il rend moyennement 10 pour 100 de mercure; mais il est probable que sa teneur moyenne est notablement plus élevée.

Abondance des minerais de mercure dans la contrée. Les minerais de mercure ne s'exploitent pas seulement dans les mines dont je viens de parler; on les retrouve encore en un grand nombre de points, dans la direction d'une bande assez puissante qui, passant par Almaden et dirigée à peu près de l'est à l'ouest comme les filons principaux, s'étend sur une longueur de deux myriamètres depuis le bourg de Chillon jusqu'au delà d'Almadenejos. *Mines d'Almadenejos.* Ce dernier bourg est lui-même un centre important d'industrie minérale; plusieurs mines situées dans le voisinage fournissent un minerai semblable à celui d'Almaden; elles ont donné antérieurement d'abondans produits; mais les filons anciens étant presqu'épuisés, on n'y fait plus aujourd'hui que des travaux de recherche. Les usines d'Almadenejos sont alimentées presqu'exclusivement par un minerai que l'on exploite depuis peu, vers l'est de ce bourg, sur les bords du ruisseau de Balde *Mercure natif.* Azogues : c'est un schiste noirâtre abondamment imprégné de mercure métallique et dans lequel on n'aperçoit que très-peu de cinabre.

Les minerais fournis par ces diverses exploitations sont traités dans treize fourneaux doubles, nommés *Buytrones*, dans lesquels s'effectue la réduction par le procédé espagnol, et dans un grand fourneau quadruple construit récemment sur le modèle de celui d'Idria en Carniole. L'enceinte dans laquelle sont renfermés les ateliers métallurgiques d'Almaden contient huit Buytrones avec le fourneau d'Idria, les cinq autres Buytrones sont situés à Almadenejos, à un myriamètre E. d'Almaden. *(Usines d'Almadenet d'Almadenejos.)*

Le plaisir que cause au mineur l'activité qui règne dans les exploitations de cette contrée n'est pas du reste sans mélange; le mercure a, sur la santé des ouvriers, la plus funeste influence, et l'on ne peut se défendre d'un sentiment pénible en voyant l'empressement avec lequel des jeunes gens pleins de force et de santé se disputent la faveur d'aller chercher dans les mines des maladies cruelles et souvent une mort prématurée. La population des mineurs d'Almaden mérite le plus haut intérêt; elle se recrute principalement dans les villages de la Manche, de l'Estramadure, et même du Portugal, dont les habitans viennent en foule y chercher du travail dans l'intervalle des travaux agricoles. Elle fournit d'excellens ouvriers pour les recherches de mines qui se font dans plusieurs points de l'Estramadure : plusieurs travaux, que j'ai eu occasion de diriger *(Moralité des mineurs d'Almaden.)*

dans ce pays, m'ont permis d'apprécier par moi-même le zèle avec lequel ces hommes se livrent à un travail assidu pour le plus modique salaire. Les peintres de mœurs qui ont si souvent flétri le peuple espagnol par une banale accusation de paresse, auraient dû l'étudier en dehors de quelques villes où il est abruti par la misère et par l'aumône : ils auraient trouvé en Estramadure, dans les derniers degrés de l'échelle sociale, un peuple actif et laborieux qui a conservé toute l'énergie des conquérans du Nouveau-Monde, et qui possédera toutes les vertus le jour où il aura les moyens d'exercer son activité.

d'Almaden à Cordoue. La route d'Almaden à Cordoue présente une coupe fort intéressante de la Sierra-Morena : les muletiers établissent seuls des communications entre ces deux villes, et parcourent aisément ce trajet en trois journées de marche, en faisant les stations obligées dans les villages de Torremilano. Torremilano et de Villaharta. Villaharta ; mais ces journées sont extrêmement longues et pénibles pour le géologue qui, renonçant aux avantages douteux de ces uniques lieux de refuge, s'écarte du sentier battu pour étudier avec détail la transition du plateau ancien de la rive gauche du Guadiana, à la contrée beaucoup plus montueuse de la Sierra-Morena. Jusqu'au pied de la Sierra la contrée est baignée par les affluens du Guadiana. L'un des plus considérables, le Rio-Guadalmez, est bordé au nord par une petite chaîne de montagnes produite par les révolutions les plus anciennes qui aient agi dans cette contrée : des sommets de cette chaîne on aperçoit, vers le nord-est, la plaine de Montiel que les fictions de Cervantes ont rendue célèbre.

La Sierra-Morena, dont le versant méridional s'élève brusquement au-dessus de la plaine de l'Andalousie, ne présente vers le nord que des pentes assez douces qui se rattachent aux plateaux déjà fort élevés de la Manche et de l'Estramadure. La lisière septentrionale de cette chaîne est composée de montagnes aux formes arrondies, sur lesquelles on est étonné de ne pas rencontrer la moindre trace de ces épaisses forêts que l'imagination prête ordinairement aux montagnes désertes. Vues de loin, elles paraissent nues et arides; mais en approchant on reconnaît bientôt qu'elles sont recouvertes de cette singulière végétation de buissons touffus qui recouvre la moitié du sol de l'Estramadure, et dont, à défaut de plus grands végétaux, les arts métallurgiques pourront un jour tirer un grand parti; aujourd'hui même ces buissons, mis en coupe réglée, alimentent exclusivement les fourneaux de distillation d'Almaden. Dans ces forêts en miniature dominent l'arbousier, le pistachier, et surtout de nombreuses espèces de cistes dont la floraison dissimule, pendant le cours

3.

du mois de mai, l'aspect de tristesse particulier à ces montagnes. Au sud de la Sierra, sur les hauteurs qui dominent les pentes escarpées au pied desquelles coule le Guadalquivir, on rencontre çà et là des bouquets de pins d'une assez belle venue, mais qui bientôt auront tout-à-fait disparu; un violent incendie dont on peut encore apprécier les ravages, a dévoré il y a peu d'années la plus grande partie de la forêt ; toutefois l'indifférence ou plutôt l'aversion pour ces utiles productions du sol est tellement grande en Espagne, que ce malheureux événement a laissé à peine une trace dans le souvenir des habitans de la contrée.

Cordoue. Cordoue est situé dans la position la plus heureuse sur la rive droite du Guadalquivir, au pied de la pente escarpée de la Sierra-Morena, et à la naissance de la plaine qui s'étend au loin sur la rive gauche. On retrouve au pied de la chaîne et même à une certaine hauteur sur ses pentes, le terrain de galets si abondant au nord du Tage : en ce point il recouvre des calcaires coquillers renfermant des fossiles identiques avec ceux des terrains **Terrains tertiaires.** tertiaires de la Corse. Toute la plaine basse de l'Andalousie paraît être également composée de terrains très-modernes contemporains de ceux de Castilles; mais ces terrains présentent des caractères minéralogiques assez différens : les mers dans lesquelles ils le déposaient étaient déjà séparées en grande partie par le promontoire de la Sierra-Morena.

On observe très-bien les terrains tertiaires coquillers, en longeant pendant quelque temps, vers le nord-ouest de Cordoue, le pied de la Sierra-Morena : en traversant de nouveau les montagnes dans la direction du sud-est au nord-ouest, on quitte bientôt les terrains tertiaires et l'on retrouve les roches anciennes stratifiées, dans de profondes solitudes au milieu desquelles il serait très-difficile de tracer un itinéraire à l'aide de lieux habités. La partie de ces montagnes, connue sous le nom de Dehesa de las Siete Villas, est le type le plus prononcé du caractère sauvage de toute cette contrée. En partant des bords du Rio-Guadamellato, on peut faire une journée de 6 myriamètres sans rencontrer la moindre trace de la présence de l'homme avant le petit village d'Espiel, où l'on trouve un accueil assez hospitalier. Aux environs de ce village il existe un terrain carbonifère qui paraît suivre la direction du Rio-Guadiato.

Terrains anciens stratifiés de la Sierra.

Terrain carbonifère d'Espiel.

En continuant de me diriger vers le nord-nord-ouest, j'ai bientôt quitté les montagnes pour entrer dans la plaine granitique de Hinojosa et de Benalcazar qui entoure de ce côté la Sierra d'une ceinture de riches moissons. On rentre enfin, au delà de ce dernier bourg, dans la contrée montueuse de transition qui borde toute la rive gauche

Granites de Benalcazar.

du Guadiana à son entrée dans l'Estramadure. C'est sans contredit la partie la plus originale de cette province : ses plateaux ondulés, couverts d'une herbe fine et épaisse, sont livrés exclusivement aux mérinos : de longues chaînes de montagnes hautes et étroites, à section transversale conique et très-aiguë, s'élèvent brusquement au-dessus de ces plateaux qu'elles sillonnent de toutes parts. En voyant leurs formes tranchées, leur direction rectiligne et leurs pentes abruptes surmontées d'une crête quartzeuse dentelée, souvent inaccessible, on peut penser que la désignation ordinaire de Sierra (scie) a pris naissance dans cette partie de l'Espagne. De gros bourgs, tels que Cabeza-del-Buey, la Puebla-d'Acocer, Castuera, Campanario, etc., contenant chacun plusieurs milliers d'habitans, sont assis sur les pentes de ces petites chaînes partout où il y a de bonnes sources d'eau : ils sont environnés d'une belle culture, qui s'étend souvent à une grande distance des villages, lorsque l'abondance des roches éparses à la surface a permis d'élever autour des moissons un rempart contre la dent destructrice du mérinos. Les couvens, si communs ailleurs, sont très-rares dans cette partie de l'Espagne, qui se trouve toute disposée à recevoir les réformes que veut y introduire l'administration nouvelle. L'esprit public, qui a valu à cette contrée le surnom d'*Estados-Unidos*, y a déjà favorisé l'établissement de plusieurs industries : l'exploitation des gîtes minéraux de nature très-variée qui s'y rencontrent fréquemment, aura sans doute une heureuse influence sur son avenir.

Les terrains anciens de la rive gauche du Guadiana se terminent à peu de distance au-dessous d'Orellana, entre ce bourg et la ville de la Serena. A partir de ce point jusqu'à son entrée en Portugal, le fleuve coule dans une contrée basse bordée de quelques petites collines : le sol de cette plaine formé du terrain de transport dont j'ai déjà parlé souvent, jouit presque partout d'une grande fertilité : on y rencontre plusieurs villes populeuses qui renferment beaucoup de ruines romaines bien conservées. Don Benito, Medellin où est né Fernand Cortez, Villa-Nueva-de-la-Serena, Merida, Talaveyra, Badajoz, indiquent assez bien, par leur position, l'étendue du terrain tertiaire. Les environs des quatre premières villes fournissent au reste du pays une grande variété de productions agricoles : les laboureurs m'ont souvent assuré que les terres cultivées en froment y rendent communément 30 grains pour un. La plaine de la Serena est sans contredit l'une des plus fertiles de l'Espagne.

On trouve une assez bonne coupe du passage des terrains anciens qui forment les pâturages de la Serena aux terrains tertiaires de Badajoz, en passant par Castuera, Quintana, Guarena, Calamonte, la Sierra de San-Servan, Lobon, Talaveyra et Badajoz : mais si l'on renonçait à visiter la plaine de la Serena et les bords du fleuve, on recueillerait sans doute des faits intéressans en se dirigeant sur Badajoz par la Siérra de Hornachos ; on traverserait ensuite les riches plaines tertiaires de Villafranca et d'Almendralejo, qui forment vers le sud un golfe profond dans le terrain de transition. Le temps dont j'avais à disposer ne m'a pas permis de visiter cette chaîne qui élève brusquement son massif isolé au-dessus du plateau de transition qui l'entoure avec les mêmes apparences que présente de loin au navigateur une île à bords très-escarpés.

Badajoz, capitale de l'Estramadure, est situé sur une petite chaîne de collines tertiaires transversale au Guadiana : ce fleuve paraît s'y être frayé un passage de vive force ; c'est du moins ce qu'indiquent les escarpemens entre lesquels il est encaissé sur une longueur d'une centaine de mètres. J'ai recueilli plusieurs faits curieux dans ces collines, où les couches ont été fortement redressées, et où les dislocations d'un calcaire coquiller, passant à des bancs puissans de dolomie, sont en connexion intime avec des infiltrations de roches cristallines de diallage et d'hypersthène : ces dernières roches se présentent aussi très-fréquemment dans les autres parties de l'Estramadure, notamment près d'Albuquerque, de Guarena, d'Almaden, de Cazalla, etc.

Les sables tertiaires de la plaine du Guadiana s'étendent vers le nord-nord-ouest, comme la route de Badajoz à Albuquerque, parallèlement à la frontière de Portugal. La chaîne de montagnes, dont le château d'Albuquerque occupe un des points les plus élevés, sert de limite vers le nord à cette formation, et présente sur son versant occidental les mêmes alternances de schistes et de roches quartzeuses que j'ai signalées dans le sud-est de l'Estramadure. La composition minéralogique du sol est identique avec celle du pays d'Almaden, et présente des accidens de même nature : les couches redressées des deux terrains sont d'ailleurs dans la direction d'un même système de fractures. Le versant oriental de la chaîne d'Albuquerque est entièrement formé de granite.

Dans le but de reconnaître la liaison qui existe entre cette chaîne et les formations granitiques que j'avais précédemment observées près de Trujillo, je me dirigeai, en quittant Albuquerque, vers Cacerès, capitale de la Haute-Estramadure. Dans toute cette excursion, on ne rencontre point de terrains modernes, mais on peut observer des accidens curieux dans la succession des granites aux

schistes et aux grauwackes de transition. D'Albuquerque à Malpartida, bourg situé sur une plaine
granitique bien cultivée à peu de distance de
Cacerès, j'ai parcouru un trajet de 5 myriamètres
sans rencontrer aucun lieu habité; aussi les formations de schiste et de grauwake ont-elles conservé leurs belles forêts de chênes verts et de liéges.
Par opposition, les plateaux granitiques qui s'é-
tendent à l'est d'Albuquerque sont absolument
dénués de végétation; ces arides déserts, qui m'ont
rappelé les descriptions de plusieurs parties de l'A-
rabie, sont recouverts de roches et de blocs entassés, au milieu desquels il est souvent difficile
de se frayer un chemin.

De Cacerès je me suis de nouveau dirigé vers le
Guadiana en traversant la partie centrale de la
Haute-Estramadure, dont jusque-là j'avais seulement visité les lisières, c'est-à-dire les parties qui
avoisinent le Tage, la Manche et le Portugal.
Dans cette coupe dirigée du nord au sud, le sol est
principalement formé de roches de transition;
mais celles-ci sont interrompues par de puissantes
montagnes granitiques qui contrastent fortement
avec les faibles inégalités de niveau que présente
cette roche au sud du Guadiana. La ville de
Montanchès, située dans un col élevé de l'une de
ces chaînes, est un des points culminans de la
contrée; elle est située à 400 mètres environ au-

dessus de la plaine qui l'entoure. Les terrains anciens se terminent en pente douce vers le Rio-Burdalo, où ils sont recouverts par les formations tertiaires du Guadiana: celles-ci s'étendent, au nord du fleuve, dans la plaine basse baignée par le Rio-Gargaliga. Une petite chaîne de montagnes qui borde la rive droite du Guadiana s'élève, à partir d'Orellana, au-dessus de ces terrains de transport : elle est formée des mêmes roches de transition qui composent la plus grande partie de l'Estramadure, et n'est évidemment que le prolongement des Sierras d'Alcocer et de Larès, situées sur la rive gauche du fleuve : la fracture qui lui a donné naissance, est en connexion avec la direction la plus commune des roches stratifiées de l'Estramadure centrale, et a déterminé la formation du coude remarquable que le Guadiana forme en ce point. Il existe dans ces montagnes plusieurs gisemens de minerais de fer et surtout d'hématite rouge, notamment aux environs d'Orellanita. Près de ce dernier village, sur le versant méridional de la Sierra, croît une assez belle plantation d'orangers, la seule que j'aie vue au nord du Guadiana, et même au nord de la Sierra-Morena.

De cette partie centrale de l'Estramadure, on se rend à Llerena, ville située à trois journées de marche vers le sud-ouest, en passant par les bourgs de Bengarencia, Zalamea, la Higuera, El

Campillo. Toute la contrée que l'on parcourt dans cette excursion offre la plus grande analogie avec celle qui, près du Guadiana, est baignée par le Rio-Zujar : les roches sont toujours des schistes et des grauwackes de transition, au milieu desquels affleurent çà et là de petits massifs de roches granitiques, dont le niveau est toujours de beaucoup inférieur à celui des roches stratifiées. Toutefois le terrain de transition, très-montueux près du Guadiana et jusqu'au delà de Rio-Matachel, s'abaisse ensuite peu à peu, sans changer de nature, et ne forme plus qu'une plaine unie, bornée au nord par la sierra de Hornachos.

Llerena est situé à l'extrémité sud-ouest de cette plaine, au pied de hautes montagnes, principalement formées de calcaires compactes dont la stratification se lie assez bien à celle des schistes de transition qui forment encore la partie basse du sol. Les substances métalliques, telles que la galène, les cuivres carbonatés, etc., déjà très-communs dans les schistes du Guadiana, se rencontrent pour ainsi dire à chaque pas dans les calcaires; mais ils ne paraissent pas former, du moins près de la surface, des gîtes réguliers. Cette formation se prolonge vers le sud-est au delà de Guadalcanal, en longeant le cours du Rio-Biar, auquel elle donne une direction identique avec celle de la stratification des roches. Sur le versant oriental de cette chaîne, et notamment dans le fond des vallées voisines de Fuente-del-Arco, j'ai observé des petits bassins de combustible minéral dont les couches ont conservé une position assez voisine de l'horizontalité sur les tranches des terrains anciens. Sur les pentes des montagnes existent les plus belles plantations d'oliviers que j'aie vues en Estramadure : la fertilité du sol rendra sans doute un jour à cette contrée la prospérité dont elle a joui momentanément pendant l'exploitation des mines d'argent, qui ont donné de la célébrité au nom de Guadalcanal.

Guadalcanal, à 2 myriamètres sud-est de Llerena, est déjà engagé dans les premières gorges de la Sierra-Morena ; les mines situées dans les montagnes, comme le bourg qui leur a donné son nom, en sont éloignées d'environ 6 kilomètres. J'ai recueilli avec intérêt un grand nombre de traditions qui existent encore dans la contrée sur leur ancienne prospérité et sur les tentatives faites à diverses époques pour les remettre en valeur. Il paraît que ces mines étaient dans l'état le plus florissant dans la première moitié du xviie. siècle : elles étaient alors exploitées par deux frères allemands nommés Fuggars qui, dans le même temps, tenaient également à bail plusieurs autres mines et entr'autres celles d'Almaden. Ils amassèrent, dit-on, dans ces entreprises des richesses im-

Terrain carbonifère de Fuente-del-Arco.

Guadalcanal.

Traditions sur les anciennes mines d'argent.

menses. *Riche comme les Fucares* est une des nombreuses sentences proverbiales de la langue espagnole, et j'ai souvent entendu dire en Espagne que la résidence royale de l'Escorial avait été bâtie en grande partie avec les sommes que les fermiers de Guadalcanal payaient à la couronne. L'exploitation de ces mines avait, comme on sait, pour objet, un minerai d'argent antimonial analogue à celui qui est exploité au Hartz dans les mines d'Andreasberg. A la suite de discussions avec le gouvernement, ces mines furent abandonnées tout à coup par les Fuggars à l'instant où elles fournissaient encore de grandes richesses. Ceux-ci ruinèrent, dit-on, les travaux en y introduisant des courans d'eau, et se retirèrent en Allemagne avec leurs trésors. Cette tradition, au moins en ce qui concerne la richesse des mines au moment de leur abandon, me paraît assez douteuse : la même opinion est attachée, dans cette partie de l'Espagne, à d'autres mines abandonnées, et plusieurs capitalistes ont déjà eu à se repentir d'y avoir ajouté foi.

Les environs de l'ancienne mine présentent encore les traces de l'activité qui y régnait autrefois : on voit à la surface les orifices d'un grand nombre de puits ; les flancs des montagnes environnantes ont conservé l'empreinte des canaux qui servaient à amener les eaux d'une distance de plus de 2 lieues.

Le puits principal, nommé *Pozo - Rico* (Puits-Riche), n'est comblé qu'en partie ; on y remarque jusqu'à une certaine profondeur un très-beau muraillement ; il est environné de gros monticules de scories et des ruines des anciens bâtimens d'exploitation. Comme je m'occupais de rechercher la destination de ces anciens ateliers, j'appris que la dernière compagnie, qui avait tenté de reprendre les travaux du Pozo-Rico, avait exploité les restes des anciens édifices pour construire à ses agens des habitations dont le luxe était peu en harmonie avec l'incertitude du succès. Après de nombreuses fautes l'entreprise fut abandonnée et le sol se recouvrit bientôt d'une nouvelle génération de ruines. Cette circonstance m'obligea de renoncer au projet de dresser un plan de l'ancien état de la surface et de présenter aux amis de l'art des mines une sorte de restauration des travaux des Fuggars.

Ce district est un pays de filons par excellence. Le filon exploité par le Pozo-Rico est situé sur le sommet et le revers méridional d'une petite vallée orientée de l'est à l'ouest. Tous les gîtes dirigés, à 10° près, dans la direction nord-sud, sont partagés par le ruisseau en deux classes bien distinctes. Les filons situés au sud sont calcaires et contiennent du minerai ; tandis que ceux qui affleurent au nord sont formés de sulfate de ba-

ryte, et ont toujours été stériles dans les points
où on les a exploités.

A une très-petite distance de ce ruisseau, au pied
même de la colline où se sont développés les travaux des Fuggars, on a attaqué assez récemment
un filon calcaire qui, ainsi que le puits principal, est
désigné sous le nom de Santa-Victoria. Découra-
gées par l'exemple des anciennes compagnies, les
sociétés qui, depuis le commencement de ce siècle,
ont dirigé leurs spéculations vers Guadalcanal, ont
renoncé au projet d'exploiter les anciens filons;
elles se sont attachées à suivre le gîte de Santa-Victoria, qui affleure à la surface parallèlement au
filon de Pozo-Rico et à une distance très-petite de
celui-ci. Les travaux, poussés d'abord avec activité, conduisirent dans une partie du gîte assez
riche en minerai; toutefois, les résultats ne ré-
pondant point aux espérances que l'on avait con-
çues, cette première société se décida à abandon-
ner les travaux. Dans ces dernières années, ils ont
été repris par une compagnie nouvelle, qui s'at-
tacha principalement à obtenir une solution nette
de la question en poussant très-activement les travaux dans la profondeur. Jusqu'ici le succès n'a
pas répondu à la bonne direction des recherches : à
part quelques régions peu étendues, où l'on a rencontré des minerais riches, le filon est devenu de
plus en plus stérile; enfin lorsque je visitai la mine

de Santa-Victoria, on venait d'en perdre la trace à la profondeur de 100 mètres environ : si les recherches que l'on doit suivre encore pendant quelque temps ne donnent pas de meilleurs résultats, il faudra renoncer aux travaux après une dépense de plus d'un million de francs. Les minerais que donnent les recherches actuelles sont traités, à des intervalles assez longs, par grillage et par un procédé d'amalgamation très simple, dans une petite usine située sur le Rio-Guezna.

Le sentier qui conduit de Guadalcanal dans la plaine basse de l'Andalousie coupe transversalement la Sierra-Morena, et passe au milieu des villages de Cazalla et du Pédroso, situés au centre des montagnes. On traverse la limite de l'Estramadure et de l'Andalousie en entrant dans les premières gorges de la Sierra. A 2 myriamètres de Guadalcanal on rencontre les anciennes mines d'argent de Cazalla, exploitées autrefois par les Fuggars ; il y existe encore des puits muraillés *(Mines d'argent de Cazalla.)* et des restes de constructions à la surface. On reconnaît aisément, à la nature des déblais qui entourent les puits, que les exploitations avaient pour objet des minerais et des filons entièrement identiques avec ceux de Guadalcanal.

Bien que Cazalla soit situé en un point assez élevé, on atteint cependant, aux environs de ce bourg, la région de la végétation africaine, carac-

térisée par l'Agave americana et le Chamœros
humilis, qui recouvrent en abondance le sol de
l'Andalousie ; j'avais trouvé précédemment la
même limite aux environs de Cordoue, situé vers
l'est, sensiblement à la même latitude : il semble-
rait donc que, dans cette petite étendue, les lignes
isothermes diffèrent peu des parallèles à l'équa-
teur. Plus communément elles sont dirigées
comme les cours d'eau de l'Espagne centrale : si
l'on rapproche ce fait des causes géologiques que
j'ai signalées précédemment, on concevra aisément
qu'un tracé de la direction des différentes zones
de végétation présenterait, sous une forme particulière, une conséquence de l'action des ophites.

Dans le pays de montagnes, qui s'étend jusqu'au Guadalquivir, on ne peut citer d'autres
lieux habités que le bourg de Constantina, le village et les forges du Pédroso. On y retrouve le
même caractère de solitude, qui donne à toutes les
parties de la Sierra-Morena un aspect si particulier.

Bassin houiller de Villa-Nueva-del-Rio. Les crêtes les plus élevées sont composées d'une
grande variété de roches stratifiées appartenant au
terrain de transition : les calcaires y sont assez ra-
res : au delà du Pédroso les montagnes prennent
un relief moins prononcé et des formes très arrondies ; elles sont principalement composées de
granites et de micaschistes, qui se désagrégent
avec une grande facilité : aussi sont-elles recou-

vertes d'un sol fertile, bien qu'entièrement privé de culture. La beauté de la végétation naturelle est du reste une compensation à l'absence de l'homme : sur les montagnes granitiques croissent des bois serrés de myrtes, tandis que le cours des ruisseaux est bordé de buissons de lauriers-roses.

C'est au pied de ces montagnes, sur le bord du Guadalquivir et à l'embouchure du Guezna et du Galapagar, que se trouve le bassin houiller de Villa-Nueva-del-Rio; il s'est déposé dans des petits golfes compris entre les montagnes anciennes. La plaine dans laquelle coule le Guadalquivir lui sert de limite vers le sud : le dépôt de ces terrains tertiaires a probablement enfoui des richesses minérales qui seront un jour bien précieuses pour la contrée.

Sierra-Morena au N.-E. de Séville.

En traversant le Guadalquivir, près du village de Tocina, on se rend à Séville en longeant la rive gauche du fleuve, à travers une plaine semblable à celle du Guadiana, et couverte, comme celle-ci, d'une riche culture.

Les substances métalliques, si fréquentes dans toute l'Estramadure, et surtout dans les roches anciennes qui avoisinent le Guadiana, n'existent généralement dans cette contrée qu'en petites masses isolées. Il n'en est pas de même dans la partie de la Sierra-Morena qui vient d'être décrite. Les dépôts métallifères y sont beaucoup plus puissans : l'industrie minérale peuplera bientôt ces solitudes, qui n'attendent que le travail de l'homme pour devenir un des pays les plus florissans de l'Espagne.

Malgré sa position centrale, cette partie de la Sierra est située avantageusement pour l'exportation des métaux : les navires qui viennent prendre près de Séville les laines de l'Estramadure ont besoin, pour la sécurité de leur navigation, de se lester de marchandises lourdes qu'ils vont chercher aujourd'hui avec grande perte de temps sur les rades dangereuses d'Adra et d'Alméria. Ils transporteraient sans doute à peu de frais les métaux qu'ils seraient assurés de rencontrer à Séville. Ce besoin de marchandises pesantes a souvent engagé les caboteurs anglais à emporter comme lest des minerais de fer tirés du centre de la Sierra.

Dans ces dernières années, deux compagnies de Séville ont commencé à tirer parti des richesses minérales de cette contrée : l'une exploite le bassin houiller de Villa-Nueva-del-Rio; l'autre vient d'élever les usines à fer du Pédroso, où l'on traite le fer oxidé rouge disséminé en puissans amas dans toute l'étendue de la chaîne qui sépare ce village du Rio-Guezna. Les forges sont situées sur ce dernier ruisseau : elles ne sont encore alimentées que par les combustibles que produit naturellement la Sierra ; mais toutes les montagnes environnantes sont maintenant recouvertes de plantations nouvelles : lorsque celles-ci seront en plein rapport, tous les élémens de la production du fer à bon marché seront réunis dans ces usines : je ne doute pas qu'elles ne trouvent alors à placer avantageusement leurs produits sur plusieurs marchés étrangers. Déjà même elles importent en France une quantité notable de fer en barres.

Séville et surtout Cadiz présentent l'Espagne sous une face toute nouvelle à ceux qui ne connaissent encore que les villes de la Manche et des Castilles. Séville, capitale naturelle de toute la Péninsule, justifie, à tous égards, le proverbe attaché à son nom. Le Guadalquivir établit entre elle et la mer des communications faciles ; quelques améliorations dans la navigation de ce fleuve, réalisées en partie pendant le séjour des Français en Espagne, prolongeraient aisément jusqu'à Cordoue cette ligne de communication. Le climat est admirable, le dattier et surtout l'oranger y prospèrent. Les végétaux des climats les plus chauds, et entre autres le bananier, croissent avec vigueur et presque sans culture dans un jardin botanique, où un gouvernement ami des sciences pourrait acclimater toutes les productions des tropiques. La ville possède plusieurs

Forges du
Pédroso

Séville.

établissemens de science et d'industrie ; j'ai visité une belle fonderie de canons qui a servi de modèle à la fonderie de Toulouse ; elle fabrique, dit-on, les meilleures pièces connues en Europe.

Parmi les établissemens qui doivent attirer sur Séville l'attention des étrangers, je signalerai encore une collection très curieuse de tous les documens relatifs à la découverte des colonies américaines, et à leur administration depuis cette époque jusqu'aux guerres de l'indépendance : ces matériaux réunis, avec le plus grand ordre, dans un bâtiment somptueux nommé les *Archives des Indes*, fourniraient sans doute de précieux documens sur les mines du Mexique et du Pérou : on en a déjà extrait le meilleur ouvrage qui ait été publié sur la vie de Christophe Colomb.

A six myriamètres de Séville, la route de Séville à Lisbonne traverse le Rio-Tinto, qui va se jeter dans l'océan entre le Guadalquivir et le Guadiana. C'est sur les bords de cette rivière que se trouvent des mines de cuivre exploitées depuis une haute antiquité.

Cuivre de cémentation extrait à Rio-Tinto.

Les premiers travaux d'exploitation remontent au temps des Romains ; les Arabes et les Maures les exploitèrent à leur tour, et ruinèrent tous les travaux lorsqu'ils furent expulsés de la province de Séville. L'exploitation fut reprise au commencement du XVIII°. siècle, mais ce ne fut qu'en 1787 qu'elles acquirent l'importance qu'elles ont conservée jusqu'ici, lorsqu'on eut imaginé d'extraire, par cémentation, le cuivre contenu dans les eaux vitrioliques sortant des anciens travaux. Il paraît que le fer employé dans ce procédé est tiré aujourd'hui exclusivement des forges du Pédroso, qui en expédient annuellement 2.400 quintaux pour cette destination. On prépare, dit-on, avec cette quantité de fer 1.800 quintaux de cuivre. Ces mines ont repris une grande activité depuis que la province de Séville ne tire plus le cuivre du Chili et du Pérou. C'est Rio-Tinto qui approvisionne aujourd'hui exclusivement la fonderie de Séville.

De Séville à San-Lucar, le Guadalquivir s'écartant brusquement de la Sierra-Morena, au pied de laquelle il coule constamment depuis sa naissance, se dirige vers l'Océan en traversant la plaine de l'Andalousie, à l'horizon de laquelle on aperçoit sur la rive gauche les sommets élevés de la Sierra-de-Ronda. Les deux rives du fleuve sont composées de terrains tertiaires qui ne s'élèvent que fort peu au-dessus des eaux. (*Pl. III, fig.* 1.)

Cadiz était autrefois un des ports les plus prospères de l'Europe. C'est dans cette ville que se rendaient les produits des colonies américaines dont l'Espagne se réservait le commerce exclusif. Toutes les nations de l'Europe venaient en échange y apporter des produits que ne pouvait

fournir aux colons américains le sol peu indu-
strieux de la Péninsule. L'indépendance actuelle
des colonies, en rendant à ces échanges leur
cours naturel, a privé Cadiz des avantages qu'il
devait au monopole. Mais ce port a conservé ceux
que lui assure sa belle rade, point d'embarque-
ment naturel des produits d'une contrée fertile
et couverte de villes populeuses, telles que Xerès,
Puerto-Santa-Maria, Isle-de-Léon, Rota, Chiclana,
Puerto-Réal, San-Lucar, etc., toutes situées à une
très petite distance de la côte. Cadiz est bâti sur
un rocher qui s'élève peu au-dessus de l'Océan : il
n'est réuni à la plaine basse, au milieu de laquelle
est situé Isle-de-Léon que par une langue de
terre longue de deux lieues et large seulement
de quelques pas. Cette plage étroite est bordée
de marais salans exploités activement sur toute
cette partie de la côte et signalés au loin par l'é-
clatante blancheur des masses de sel.

De Cadiz on se rend à Tarifa, extrémité occidentale du détroit de Gibraltar, par Isle-de-Léon,
Chiclana, Conil et Véjer. Dans toute cette contrée, jusqu'au delà de Véjer, le sol est recouvert
de terrains tertiaires composés principalement de
calcaires et de sables, renfermant une prodigieuse
quantité de fossiles, tels que des huîtres et des
panopées : ces terrains ont été bouleversés par des
révolutions assez violentes, dont on peut suivre

les traces depuis le détroit de Gibraltar jusqu'au Guadalquivir. Entre Véjer et Tarifa, la continuité des terrains tertiaires est interrompue par de hautes montagnes formées de roches non coquillières et surtout de calcaires compactes, en connexion avec ceux qui s'étendent à l'ouest et au nord de la baie de Gibraltar. Dans ce trajet, on trouve une particularité curieuse aux environs de Conil; des marnes argileuses situées à $\frac{1}{2}$ l. vers l'est de ce village sont imprégnées d'une très grande quantité de cristaux de soufre. Ce gîte, dont la collection de Madrid renferme de très beaux échantillons, a été anciennement exploité pour le compte du duc de Medina-Sidonia. Le minerai était exploité à ciel ouvert et raffiné dans des fours dont il ne reste plus que des ruines. On peut encore aujourd'hui trouver de beaux échantillons dans les déblais.

La petite ville de Véjer est située sur le sommet d'une chaîne de collines composées de calcaire coquillier tertiaire : ces hauteurs, voisines de la côte, dominent le cap de Trafalgar, dont la vue rappelle au voyageur français de tristes souvenirs.

Tarifa, situé sous une latitude plus méridionale que la Sicile, et sensiblement la même que celle du cap Matapan en Morée, est la pointe la plus méridionale de l'Europe continentale. Elle s'avance assez loin dans la mer, et dessine très-bien l'extrémité occidentale du détroit. (*Pl. III*, *fig.* 2.) Le phare, construit sur le rocher appelé improprement Isla de Tarifa, est assis sur un terrain récent appartenant peut-être à la période quaternaire; il est composé de poudingues et de couches calcaires, formées de débris de coquilles : les vagues du détroit, en se brisant constamment sur cette dernière roche, y ont produit des altérations fort singulières.

Détroit de Gibraltar.
La contrée sauvage et presque déserte que l'on parcourt en longeant le détroit, depuis Tarifa jusqu'à Algéziras, est, sans contredit, l'une des plus pittoresques de la Péninsule. Cette partie de la côte est bordée de montagnes, formées de calcaires compactes semblables à ceux qui entourent la baie de Gibraltar. Au-dessus d'elles s'élève une haute cime, en regard de la montagne encore plus élevée, qui, sur la côte africaine, domine la pointe de Leona : ces deux sommets signalent de loin le détroit, et méritent bien le nom pompeux que leur ont donné les anciens. Une puissante formation de grès semblable à certains grès tertiaires du Maine, et probablement supérieur aux calcaires, interrompt, à 2 lieues de Tarifa, la continuité de ces dernières roches. Dans l'étendue où se présente cette formation, la surface du sol, couverte de gros rochers entre lesquels croissent vigoureusement des chênes séculaires, est sillonnée

de nombreux ruisseaux. On conçoit aisément la beauté de la végétation qui doit se développer sur des pentes si bien arrosées, exposées aux rayons du soleil du midi, et séparées seulement de la côte d'Afrique par un détroit de trois lieues de largeur.

En sortant des forêts qui recouvrent la contrée montueuse que domine la colonne d'Hercule, on aperçoit la vaste baie terminée vers le sud-est par le rocher de Gibraltar : celui-ci est réuni à la côte de San-Roque par une langue de terre très basse qui, de loin, ne se distingue pas des eaux de la baie; en sorte que Gibraltar se présente d'abord comme une île assez éloignée de la côte. (*Pl. III*, *fig.* 3.) Baie de Gibraltar.

De Tarifa jusqu'au delà d'Alméria, près du cap de Gate, la côte d'Espagne présente, sous le rapport de la configuration extérieure et sans doute aussi sous celui de la constitution minéra-logique, une assez grande uniformité. La direc-tion générale du rivage est dessinée par une haute chaîne de montagnes qui très fréquemment s'élè-vent à plus de mille mètres au-dessus de la mer. Le sol s'abaisse vers le rivage par des pentes assez brus-ques, sillonnées de nombreux ravins qui roulent à la côte les roches des montagnes. Celles-ci parais-sent être formées principalement de nombreuses variétés de schistes argileux, et de calcaires très compactes et souvent cristallins. Au milieu de Chaîne qui borde la côte de la Méditerranée.

ces roches s'intercalent fréquemment des amas de serpentine, de dolomie, et de brèches calcaires et dolomitiques. Quant aux collines qui bordent la côte, elles sont quelquefois identiques, pour la composition minéralogique, avec la Sierra, dont plusieurs chaînons détachés arrivent çà et là jusqu'à la mer; mais le plus souvent le sol est formé de terrains tertiaires qui paraissent appartenir aux deux étages supérieurs : on devine, à leur faible hauteur, qu'ils n'ont été élevés au-dessus des eaux qu'après le redressement de la grande chaîne.

Cette étroite lisière tempérée, sous un climat brûlant, par le voisinage de la mer et par de nombreux ruisseaux, pourrait nourrir une grande population; mais si on excepte les environs d'Estepona et de Marbella, toute la côte, depuis Gibraltar jusqu'à Malaga, est entièrement inculte.

Examinées d'un point de vue où on pourrait les embrasser d'un seul coup d'œil, les montagnes qui bordent la côte de la Méditerranée paraissent former une chaîne continue; mais un examen plus détaillé prouve qu'elles sont partagées en plusieurs systèmes par des cours d'eau assez puissans qui vont prendre naissance sur leurs revers septentrionaux. Les chaînes, séparées par les rivières du Guadiaro, du Guadaljore, de Velez-Malaga, du Guadalfeo, ont même des noms différens : les plus célèbres sont les Sierras de Ronda et de Mijas, qui dominent la côte depuis Gibraltar jusqu'à Malaga ; la Sierra de Alhama , qui termine la vallée de Velez - Malaga ; la Sierra de Tejada et celle de Lujar, au pied desquelles se développent les cultures florissantes de la Véga-de-Motril ; enfin la Contraviesa et la Sierra de Gador, qui, ainsi que la Sierra de Lujar, sont riches en minerais de plomb. La *fig. 4, Pl. III*, donne une idée de la configuration de la chaîne comprise entre Marbella et Malaga et indique comment la Sierra de Mijas est interrompue, près de cette dernière ville, par la plaine dans laquelle coulent le Rio-Guadaljore et ses affluens.

Cette côte de la Méditerranée présente au géologue, et surtout au mineur, des faits d'un haut intérêt. Je dois signaler particulièrement les puissans amas de fer oxidulé situés à une demi-lieue de Marbella, à une hauteur assez considérable, sur le versant méridional de la Sierra de Ronda. Le minerai se rencontre dans plusieurs gîtes assez rapprochés les uns des autres : ils sont tous situés dans un calcaire blanc cristallin : mais en général le fer oxidulé est séparé de cette roche par des masses considérables de minéraux cristallins , et surtout d'actinote noir, de pyroxène vert, cristallin, granuleux , etc. , etc. ; les dépôts les moins importans sont des espèces de filons presque ver-

ticaux; mais le gîte le plus puissant, le seul exploité aujourd'hui, n'a encore été dégagé que
sur une petite étendue des roches qui l'entourent : il paraît former un amas allongé à peu
près parallèle aux autres : il est déjà exploité
dans le sens de son épaisseur sur une largeur de 120 pieds. Cette taille, dans toute son
étendue, donne un minerai absolument pur et
rendant moyennement 70 p. 100 au haut-fourneau. Le quintal de mine, prêt à être enlevé, ne
revient qu'à 3 centimes environ, en sorte que
l'exploitation du minerai n'entre que pour 4 à 5
centimes dans le prix de revient du quintal de
fonte. Ce minerai est fondu dans les usines de Rio-
Verde, situées à une demi-lieue à l'est de Marbella et à une lieue environ de la mine. La fonderie contient deux hauts-fourneaux, assez semblables à ceux de Hartz. La fonte est affinée, soit
au charbon de bois par la méthode wallone, soit
au fourneau à réverbère par les procédés usités
aujourd'hui dans la province de Liége. Le combustible végétal, fourni par les buissons d'arbustes et par les forêts de pins de la Sierra de
Ronda, est à un prix moins élevé qu'au Pédroso ;
la houille employée pour les fours à réverbère
provient des mines des Asturies. Cette forge exeporte déjà ses produits par el port de Malaga,
où l'on vient d'établir récemment une usine pour

affiner les fontes de Rio-Verde. Ces diverses usines prendront un jour un grand développement quand les terrains incultes qui les entourent seront recouverts de plantations en plein rapport.

Favorisés par un traité particulier, les navires français font la plus grande partie du commerce de transport sur cette partie de la côte d'Espagne : ce sont eux en général qui amènent les combustibles des Asturies à Marbella, à Malaga, et sur les côtes d'Adra, pour les besoins des usines à plomb. L'exportation des plombs embarqués aux ports de Motril, d'Adra, de Roquetas et d'Alméria, se fait principalement par nos navires : à mon passage, le pavillon français dominait dans le port de Malaga, et c'était à peu près le seul qui se montrât sur les autres rades de cette côte.

La petite ville de Velez-Malaga est située dans une belle vallée, encaissée dans de hautes montagnes : en ce point, comme dans toutes les vallées cultivées qui débouchent sur cette partie de la côte de l'Andalousie, le ruisseau, dans la dernière partie de sa course, se rend à la mer au travers d'une plaine basse couverte de plantations de cannes à sucre, au travers desquelles l'eau circule par le moyen d'un grand nombre de rigoles d'irrigation. Dans la vallée proprement dite, la partie inférieure du sol, celle qui se trouve au-dessous des conduites d'eau que l'on entretient avec soin sur les deux flancs de la vallée, est presque exclusivement consacrée à la culture des orangers; ces canaux, entièrement semblables à ceux qui fournissent ordinairement la force motrice aux usines de France et d'Allemagne, séparent la surface du sol en deux zones très tranchées. L'une chargée d'une verdure perpétuelle; l'autre qui, peu de temps après les pluies d'hiver, est désolée par la sécheresse et privée de toute espèce de végétation. Cette dernière partie du sol est plus utilement employée dans les vallées très voisines de Malaga : jusqu'à une hauteur considérable, elles sont couvertes de plantations de vignes où l'on récolte les vins et les raisins que ce dernier port exporte en si grande quantité pour tous les pays. Dans la vallée de Velez-Malaga, les vignes s'étendent jusqu'au-dessus des villages de Vinuela et d'Aceitu, qui m'ont paru élevés de 500 à 600 mètres au-dessus de la mer. La partie supérieure de cette vallée est barrée par la haute chaîne d'Alhama, qui sépare du versant de la Méditerranée le bassin du Génil. On communique d'un versant à l'autre par des cols paraboliques de proportions immenses.

Aux formations de calcaire compacte d'Alhama succède, dans la direction de Grenade, un bassin tertiaire composé de calcaire coquillier et de puissantes formations de marnes et de gypses.

C'est du sommet des dernières collines de cette formation, dont la surface est entièrement privée d'eau et d'ombrage, que l'on aperçoit pour la première fois la délicieuse plaine de Grenade. La ville, située un peu au-dessus du niveau de cette plaine, s'étend au pied des hautes collines couronnées par l'Alhambra et le Généraliffe : celles-ci forment un promontoire à l'extrémité duquel se réunissent, dans la ville même, le Darro et le Génil ; les eaux de ces deux rivières, auxquelles se joignent celles d'une infinité de cascades qui s'échappent de toutes parts des jardins et des fontaines des palais arabes, vont porter la fertilité dans Véga après avoir rafraîchi les rues de la ville.

Véga de Grenade.

Les collines de Grenade ne sont que la base du vaste amphithéâtre que forme, au-dessus de la contrée, la chaîne de la Sierra Nevada, qui élève jusqu'à 3.600 mètres ses cimes constamment neigeuses.

Toutes les collines des environs de Grenade et les pentes de la Sierra Nevada, jusqu'à une hauteur considérable, sont composées de sables argileux qui contiennent par place des couches épaisses de cailloux roulés. Au delà de la Véga de Grenade, cette formation paraît recouvrir les marnes et les gypses du bassin lacustre d'Alhama. Les galets sont très-abondans sur les hauteurs de l'Alhambra et du Généraliffe, et sur la Silla-del-Moro,

Constitution géologique des environs de Grenade.

point culminant de ce groupe : ils sont formés des débris de roches qui se voient au jour sur les sommets de la Sierra, et surtout des micaschistes grenatifères si communs dans tous les ravins et dans les gorges qui avoisinent le pic de Veleta et le Mulehacen. Plusieurs motifs m'ont conduit à penser que la Sierra Nevada devait son relief actuel à plusieurs dislocations successives ; mais la présence du terrain de sable et de galets à une très-grande hauteur au-dessus de la plaine de Grenade ne peut guères laisser de doute sur l'origine très récente du dernier soulèvement. Si, comme tout paraît l'indiquer, le terrain de transport du Généraliffe était contemporain de celui des Castilles qui, comme lui, est supérieur à des terrains de marnes et de gypses, il serait démontré que la Sierra Nevada est le trait le plus saillant des actions puissantes dont j'ai déjà signalé les effets, et qui ont achevé de dessiner le continent de la Péninsule, à l'époque du soulèvement des Alpes orientales.

Je n'ai pas observé, dans les excursions que j'ai faites aux points culminans de la chaîne, la moindre trace de roches granitiques ou d'autres roches cristallines non stratifiées. Je n'y ai rencontré que des micaschistes, dans lesquels on ne peut observer la direction du redressement des couches. Cet effet n'est pas dû à la décomposition de la roche, dont les fragmens se distinguent au contraire par leurs arêtes vives; il est probable que les diverses actions mécaniques qui ont eu lieu dans la chaîne ont totalement détruit la stratification primitive, car j'ai trouvé toutes les parties accessibles formées de déblais incohérens; aussi n'est-ce pas une tentative sans danger que de descendre le versant méridional du Pic de Veleta, sur une pente de plus de 1.500 mètres, recouverte uniquement de fragmens mobiles de micaschistes. A défaut d'observations de cette nature, j'ai remarqué que la direction générale des sommets qui limitent la Sierra Nevada pour l'observateur placé dans la Véga de Grenade, c'est-à-dire ceux qui s'étendent du Pic de Veleta au Cerro-del-Cavallo, étaient dirigés de l'E. 20° N. à l'O. 20° S. Cette ligne de fracture est exactement dans le prolongement de la petite chaîne de collines tertiaires qui bordent la côte, depuis Malaga jusqu'à Gibraltar. Il est probable qu'un examen attentif de cette contrée donnerait une vérification nouvelle de la célèbre équation qui lie la direction des diverses chaînes à l'époque de leur formation. On en déduirait une nouvelle preuve de l'origine très récente du dernier soulèvement de la Sierra.

Le pays de montagnes, compris entre la Sierra Nevada et la côte de la Méditerranée, est formé de chaînes très élevées qui se croisent dans divers sens, mais qui cependant s'étendent principalement de l'est à l'ouest, dans une direction peu différente de celle que je viens de signaler pour l'une des lignes de faîte de la Sierra. Cette contrée, désignée ordinairement par le nom d'Alpujarras, présente, dans sa constitution topographique, une complication dont aucune carte ne donne la plus légère idée. Le géologue qui se proposerait de dresser une carte de cette intéressante contrée, devrait donc préalablement en tracer un dessin topographique. Il ne pourrait pour cet objet choisir de meilleures stations que le Picacho de Veleta, et surtout que le Mulehacen, d'où l'on aperçoit beaucoup mieux la partie centrale de la chaîne. De ces deux points culminans, la région des Alpujarras et la côte de la Méditerranée qui s'étend depuis le cap de Gate jusqu'au delà de Motril, se dessinent de la manière la plus nette. Les traits saillans du terrain y sont très bien indiqués par des oppositions d'ombre et de lumière quand le soleil est encore peu élevé au-dessus de l'horizon. Dans ce vaste panorama, la vue embrasse un cercle de 60 à 80 lieues de diamètre : au nord, la Sierra-Morena borne la plaine de l'Andalousie, tandis que vers le sud-ouest la côte d'Afrique s'élève légèrement au-dessus de l'horizon de la Méditerranée. (*Pl. III, fig.* 5.)

J'ai déjà donné une idée de la brusque inclinaison des pentes méridionales de la Sierra Nevada. Six heures suffisent pour descendre des points les plus élevés aux premiers villages : on trouve dans ce trajet la transition brusque qui donne tant d'attrait aux paysages des Andes, et l'on passe subitement d'un climat glacé, où croissent à peine quelques végétaux des régions polaires, à une contrée embellie par la végétation des tropiques. J'ai remarqué dans les Alpujarras des travaux hydrauliques qui font honneur à l'industrie des montagnards. Il existe dans ce genre un ouvrage remarquable dans la vallée qui se trouve immédiatement au pied du Pic de Veleta : une conduite d'eau, construite avec grand soin, suit les contours du flanc oriental de la vallée, et s'élève rapidement au-dessus du Thalweg, qui a une pente considérable. Après s'être grossie des eaux d'un grand nombre de petites cascades, elle vient tout à coup, après un trajet de plus de deux lieues, déverser ses eaux à une hauteur de 300 mètres au-dessus du fond de la vallée : celles-ci répandent la fertilité sur les territoires de deux villages voisins de Pitres.

On ne retrouve pas sur ce versant les terrains tertiaires qui jouent un rôle si important sur la pente opposée. Les micaschistes, souvent remplis d'une grande quantité de grenats, recouvrent les

pentes de la Sierra jusque dans les premières
gorges des Alpujarras; la partie centrale de ces
montagnes est principalement composée de
schistes argileux, souvent identiques avec les
ardoises de l'Ardenne. Ils sont associés çà et là
à des brèches caverneuses à fragmens anguleux
de calcaire noirâtre subsaccharoïde. Quelquefois
les fragmens sont tellement fondus ensemble,
qu'on pourrait prendre cette roche pour un calcaire compacte, si de nombreux passages n'indi-
quaient suffisamment son origine. Cette brèche
forme des masses puissantes aux environs de Cas-
taras, dans le centre des Alpujarras : mais je l'ai
rencontrée aussi sur le versant septentrional de la
Sierra Nevada, en allant de Grenade au Picacho
de Veleta. Elle y est associée à des dolomies, et
à de véritables conglomérats formés de matières
très hétérogènes, parmi lesquelles on distingue
très nettement des fragmens de calcaires, de
quartz et de schistes talqueux. Ces diverses roches
se voient au jour à un niveau fort élevé, entre les
micaschistes des hauteurs de la Sierra et le terrain de transport ancien qui en recouvre les pentes inférieures. Bien que les brèches de la Sierra
Nevada et des Alpujarras appartiennent aujour-
d'hui à des systèmes différens, elles ont sans aucun doute une origine commune. L'étude de ces
roches sera d'une haute importance pour le géo-

logue qui voudra faire des recherches sur les révolutions qui ont précédé le soulèvement de la grande chaîne. Elles sont liées sans doute à l'apparition de la contrée montueuse qui, avant le dépôt des terrains tertiaires, séparait déjà, de la mer située au sud, les bassins de Grenade et d'Alhama.

Les brèches deviennent moins abondantes dans les derniers contre-forts des Alpujarras. La Controviesa et les montagnes situées à l'ouest de la Sierra de Gador, sont principalement composées de calcaires compactes associés à des schistes talqueux très-feuilletés. C'est dans le village de Touron, assis sur ce genre de terrain, à 3 lieues au nord d'Adra, que j'ai eu le premier indice des richesses minérales du pays : des enfans rangés autour de la fontaine s'amusaient à laver dans de petites assiettes en bois des poussières de galène, fort abondantes dans les environs. Ils se livraient à ce divertissement avec une adresse qui eût été peut-être, pour un docimasiste, un utile sujet d'étude. Ce jeu, qui leur procure de petits bénéfices, est une assez bonne image des habitudes de travail que l'exploitation des mines a introduites dans le pays. A peu de distance de Touron, il existe une fonderie royale aujourd'hui abandonnée.

C'est dans les chaînons des Alpujarras, les plus rapprochés de la mer, c'est-à-dire dans la Sierra de

Lujar, dans la Controviesa, et surtout dans la Sierra de Gador, que se sont développées les exploitations de galène, sur lesquelles j'ai donné quelques détails généraux au commencement de cet itinéraire. Malgré l'activité qui, depuis douze ans, règne dans ces exploitations, je n'ai aperçu dans le pays aucun symptôme d'une prochaine décadence. Dans la Sierra de Gador, un grand nombre de mines, très prospères il y a quelques années, sont à la vérité aujourd'hui épuisées; mais chaque jour on découvre de nouveaux gîtes. Cette montagne est principalement composée de ces mêmes calcaires compactes qui, associés à des schistes argileux et traversés accidentellement par des masses de gypses, de serpentines, de brèches calcaires et de dolomies, forment en grande partie la masse des chaînes qui bordent le rivage de la Méditerranée depuis Alméria jusqu'au détroit de Gibraltar. On peut regarder les districts les plus riches de la Sierra, tels que la *Loma-del-Sueno*, comme composés d'un véritable amygdaloïde à pâte calcaire et à gros noyaux de galène. Les gîtes métallifères y sont si rapprochés l'un de l'autre, qu'il est rare qu'un puits percé au hasard ne rencontre pas le minerai avant la profondeur de 100 mètres. Il s'en faut tellement que les minerais soient sur le point de manquer, qu'aujourd'hui les exploitans ne sont

Les produits des mines ne diminuent point.

embarrassés que de l'abondance de leurs produits. Depuis deux ans, afin de prévenir une plus grande dépréciation des minerais, ils se sont déterminés d'un commun accord à ne travailler aux mines que pendant six mois chaque année : cette convention, assez remarquable dans un pays où règne, entre un grand nombre d'intéressés, une concurrence illimitée, a déjà produit d'heureux résultats : elle a mis fin au malaise qu'avait jeté dans la fabrique, depuis l'année 1828, une production désordonnée. C'est à cette sorte d'association des exploitans de la Sierra, et surtout à celle des principales maisons de commerce d'Adra et d'Alméria, qu'il faut attribuer la hausse qui a lieu aujourd'hui dans le prix du plomb. Du reste, tous les fabricans n'étant pas entrés dans la coalition, et les prix de revient étant très inférieurs aux prix de vente, il n'est pas probable que ceux-ci se soutiennent pendant très long-temps au taux actuel.

Depuis plus d'une année on commence à tirer parti d'une classe de minerais dont jusqu'ici on avait méconnu l'utilité : je veux parler des plombs carbonatés compactes, souvent exempts de toute matière terreuse. Depuis qu'on a imaginé de les traiter dans la fonderie de l'Alqueria près d'Adra, les muletiers en amènent à cette usine de tous les points de la Sierra. Il m'a été facile d'en recueillir, en un petit nombre de jours,

Nouveaux minerais.

une collection d'échantillons provenant de 40 localités différentes. Le perfectionnement des procédés métallurgiques, et surtout de la fonte dans les fourneaux à manche, permet maintenant de traiter avantageusement un grand nombre de substances négligées jusqu'ici, telles que les menus de mines, les crasses de fourneaux à réverbère, et surtout celles des anciennes fonderies royales.

Traitement des minerais. Les galènes de la Sierra de Gador, et celles qui s'exploitent encore en petite quantité dans la Sierra de Lujar, sont fondues dans l'état où elles sortent des mines, et sans être soumises à aucune espèce de préparation mécanique. L'état des voies de communication, dans un pays entièrement montueux jusqu'au rivage de la mer, ne permet de faire aucun transport à l'aide de voitures : des troupes nombreuses d'ânes et de mulets descendent chaque jour de la Sierra pour amener les minerais aux usines, ou sont employées à transporter les plombs aux ports d'Adra, de Roquetas ou d'Alméria. Le traitement des minerais se fait dans 31 usines, comprenant 69 fourneaux à réverbère et 58 fourneaux à manche : mais ces ateliers ne sont jamais tous à la fois en activité. En exceptant deux usines où l'on se sert avantageusement des fourneaux à manche, ces sortes de fourneaux ne sont que des annexes fort peu importans de chaque usine. La presque totalité du plomb est produite dans des fourneaux à réverbère où le travail métallurgique, très-bien approprié aux circonstances locales et surtout à la nature des combustibles de la Sierra, ne laisse rien à désirer. En général, les minerais rendent 66 pour 100 dans les fourneaux à réverbère espagnols : on en retire constamment 70 pour 100 dans ceux de la belle usine à l'anglaise établie sur la plage d'Adra. Aujourd'hui, dans les usines de la Sierra de Gador, le plomb se fabrique par des procédés assez variés sur lesquels j'ai recueilli quelques notes : il ne sera peut-être pas sans intérêt d'en faire l'objet d'une notice spéciale dans laquelle je tâcherai de faire connaître les avantages qu'il y aurait à traiter les mêmes minerais dans nos départemens méridionaux. Plusieurs personnes ont déjà pensé à ce projet : je ne connais pas d'entreprise qui ait plus de chances de succès.

Une maladie grave ayant tout à coup mis fin aux études que j'avais commencées sur la Sierra de Gador, j'ai été forcé de rentrer en France par la voie de la mer : à mon grand regret j'ai dû renoncer au projet de visiter le cap de Gate, ainsi que les côtes de Murcie, de Valence et de Catalogne, de manière à fermer, en rentrant par les Pyrénées, un polygone d'observations sur le contour de l'Espagne. Je serais heureux si cet aperçu rapide de mon voyage pouvait faire naître chez les géologues le désir de parcourir dans la Péninsule un itinéraire plus complet, et d'étudier, avec le temps convenable, beaucoup de faits que j'ai à peine entrevus et qui n'étaient, au reste, qu'un accessoire de ma mission. Les détails que j'essaierai de donner dans la suite, à l'appui des résultats que je viens de signaler, serviront peut-être à diriger utilement leurs premières recherches dans les provinces que j'ai visitées.

EXPLICATION DE LA PLANCHE III.

Figure 1.

Ces deux profils donnent une idée du léger relief que prennent les terrains tertiaires sur la rive gauche du Guadalquivir, à peu de distance de l'embouchure de ce fleuve. Dans le 1er. profil, pris au-dessous de l'*Isla-Major*, on voit à l'horizon les sommets élevés de la *Sierra de Ronda* situés vers l'est, à dix myriamètres environ. Le second est pris à la hauteur de San-Lucar ; c'est en ce point que se termine vers le N.-O. le système de collines tertiaires qui bordent la côte de l'Océan depuis le détroit de Gibraltar. De Séville à l'Isla-Major, la plaine, traversée par le Guadalquivir, s'élève seulement de quelques mètres au-dessus du niveau du fleuve. La rive droite jusqu'à l'embouchure ne s'élève pas à une plus grande hauteur.

Figure 2.

Ce croquis est pris au N.-E. de Tarifa d'un point où l'on embrasse aisément la vue du détroit de Gibraltar. Les montagnes situées sur le premier plan, ainsi que celles qui forment la côte africaine, sont principalement composées de calcaires stratiformes, grisâtres, subsaccharoïdes, souvent traversés de filets spathiques : ils alternent avec des marnes argileuses, fissiles ou compactes, à grain très-fin. Ces calcaires sont séparés de ceux de la baie de Gibraltar par de puissantes masses de grès à grains quartzeux, opaques ou transparens, nuancés de couleurs rougeâtres. Il est probable toutefois qu'il y a continuité dans les formations calcaires, car selon toute apparence le grès leur est supérieur. Cette dernière roche ressemble entièrement par les caractères extérieurs à beaucoup de grès tertiaires de la France. Si à l'appui de ce rapprochement, on observe que ces grès sont identiques avec ceux qui bordent la côte de l'Océan au N.-O. de Tarifa et qui sont en connexion avec des collines de terrains tertiaires bien caractérisés, il deviendra probable que les grès du détroit doivent être rapportés aux périodes tertiaires et, selon toute apparence, à l'une des plus récentes. La faible hauteur des masses coquillières très modernes, sur lesquelles est situé le phare de Tarifa, prouve suffisamment que ces terrains n'ont été élevés au-dessus des eaux que par une action mécanique d'une faible importance : ce mouvement est nécessairement postérieur au double soulèvement des montagnes calcaires et des masses de grès tertiaire qui s'élèvent sur les pentes de ces dernières à une hauteur assez considérable.

Figure 3.

Elle représente la configuration des collines qui entourent la baie de Gibraltar lorsqu'on les aperçoit des hauteurs qui dominent la côte occidentale de la baie. De ce point, le rocher de Gibraltar dirigé du nord au sud se présente dans sa plus grande dimension : la figure en donne un profil exact. La plage, qui réunit le rocher à la terre ferme, n'est pas plus visible que ne l'indique le croquis. Le bord de la côte est formé de petites collines sableuses ; celles-ci vers le fond de la baie s'étendent assez loin sur le bord des ruisseaux qui séparent les montagnes du détroit des hauteurs situées dans le prolongement du rocher de Gibraltar. Ces deux petites chaînes dessinent les deux côtés de la baie : elles sont formées des mêmes roches indiquées dans les montagnes qui bordent le détroit. Dans les collines situées sur le premier plan près de la ville d'Algéziras, les calcaires sont très-compactes, de couleur blanche, à cassure très-unie et esquilleuse : ils sont identiques pour les caractères extérieurs avec les variétés les plus communes des calcaires du Jura.

Figure 4.

Cette vue, prise à l'est de Malaga, donne une idée de la configuration de la chaîne qui borde toute la côte de l'Andalousie : elle représente la partie de ces montagnes qui s'étend à l'ouest de Malaga sous les noms de *Sierra de Mijas* et de *Sierra de Ronda*. La chaîne est interrompue sur une petite longueur par la plaine de Malaga ; mais déjà sur le premier plan s'élèvent les premiers chaînons des montagnes de Velez-Malaga. Les points culminans des hautes montagnes que l'on voit à l'ouest de Malaga sont principalement composés de schistes argileux et de calcaires saccharoïdes ou complétement cristallins, ayant tous les caractères assignés aux roches anciennes. La base des montagnes, et la plupart des collines qui bordent le rivage, sont, au contraire, composées de sables, de grès et de conglomérats formés principalement aux dépens des calcaires cristallius des montagnes : j'y ai rencontré, aux environs de Marbella et de Malaga, des fossiles qui prouvent qu'une partie de ces terrains appartiennent au 2ᵉ. étage tertiaire.

Figure 5.

Portion du panorama que présentent les montagnes des Alpujarras et la côte de la Méditerranée, vues de l'un des cols situés au pied du *Picacho de Veleta.* Le 1ᵉʳ. plan appartient à la ligne de faîte de la Sierra Nevada au sud de Grenade : on n'y rencontre que des micaschistes souvent imprégnés d'une grande quantité de grenats. Sur les seconds plans, on voit les chaînons des Alpujarras dirigés sensiblement comme le rivage de la Méditerranée. Ces montagnes sont principalement composées de schistes argileux, interrompus çà et là par des masses puissantes de calcaires compactes, bréchiformes ou dolomitiques ; les terrains modernes ne reparaissent que sur la côte de la Méditerranée. De ce point élevé, la Sierra de Gador. dont le massif s'élève dans la direction du cap de Gate, se présente comme un monticule de peu d'importance. La côte d'Afrique, éloignée de plus de 40 lieues, s'élève très distinctement au-dessus de l'horizon de la Méditerranée. La vue que l'œil embrasse des sommets de la Sierra Nevada est peut-être la plus imposante dont on puisse jouir en Europe. Par suite de la constante pureté du ciel de l'Andalousie, le voyageur n'y est jamais menacé de ces ascensions infructueuses qui, dans les montagnes du nord de l'Europe, ont presque toujours lieu au milieu des nuages.

Figure 6.

Profil des points culminans neigeux de la Sierra

Nevada ; cette vue est prise des hauteurs du dernier con-
tre-fort des Alpujarras qui, sous le nom de *Contraviesa*,
domine le rivage de la Méditerranée au nord d'Adra et
d'Albunol. Un chaînon fort élevé, situé au nord de la Contraviesa, dérobe à la vue la base de la Sierra Nevada : on
en aperçoit seulement les points les plus élevés, et entre
autres le Picacho de Veleta et le Mulehacen, dont la saillie
a été un peu exagérée. Ce croquis fait ressortir la direction
rectiligne des lignes de faîte des Alpujarras.

Embouchure du Guadalquivir.
Fig. 1.

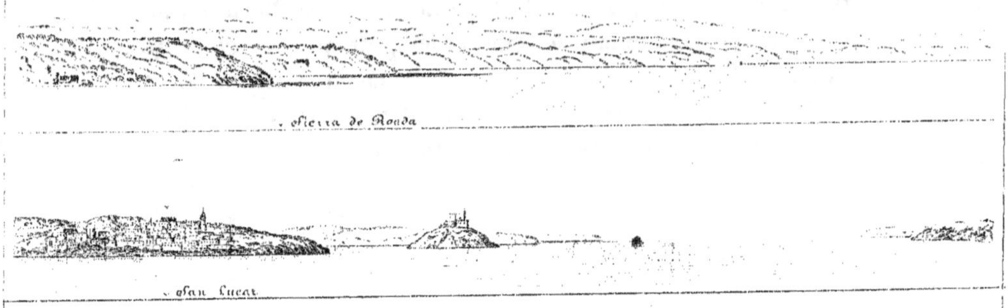

Détroit de Gibraltar.
Fig. 2.

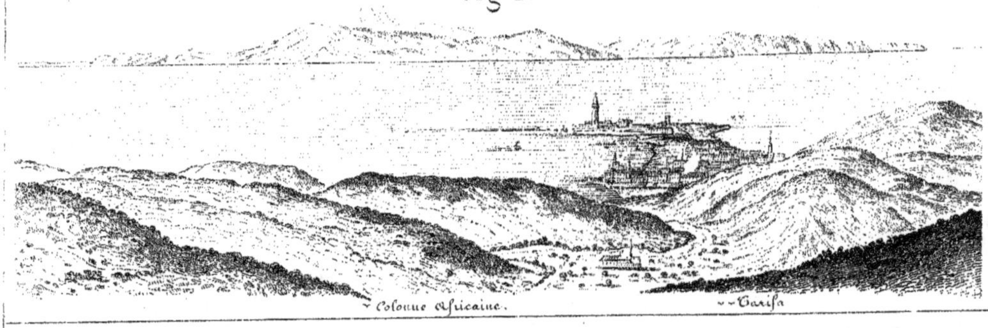

Baie de Gibraltar.
Fig. 3.

Embouchure du Guadalquivir.
Fig. 1.
Sierra de Ronda

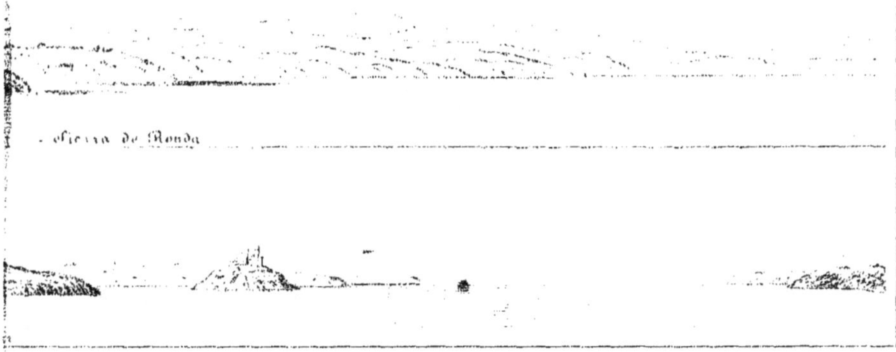

Détroit de Gibraltar.
Fig. 2.
Colonne Africaine.
Tarifa

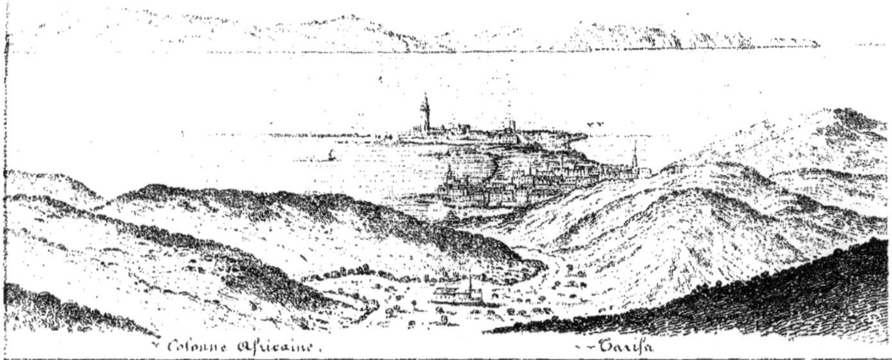

Baie de Gibraltar.
Fig. 3.
San Roque
Gibraltar

www.ingramcontent.com/pod-product-compliance
Lightning Source LLC
Chambersburg PA
CBHW061413060726
47597CB00003B/1041